U0743371

十万个为什么·自然

KUNCHONGZHIMI

昆虫之谜

▶ 牛立红◎编著

企业管理出版社
ENTERPRISE MANAGEMENT PUBLISHING HOUSE

图书在版编目（CIP）数据

昆虫之谜／牛立红编著. —北京：企业管理出版社，2014.2

（十万个为什么. 自然）

ISBN 978-7-5164-0597-0

Ⅰ.①昆… Ⅱ.①牛… Ⅲ.①昆虫－青年读物②昆虫－少年读物 Ⅳ.①Q96-49

中国版本图书馆 CIP 数据核字（2013）第 273730 号

书　　名：昆虫之谜

作　　者：牛立红

选题策划：申先菊

责任编辑：申先菊

书　　号：ISBN 978-7-5164-0597-0

出版发行：企业管理出版社

地　　址：北京市海淀区紫竹院南路 17 号　　邮编：100048

网　　址：http：//www.emph.com

电　　话：总编室（010）68701719　　发行部（010）68701073

　　　　　编辑部（010）68456991

电子信箱：emph003@ sina. cn

印　　刷：三河市兴国印务有限公司

经　　销：新华书店

规　　格：160 毫米×230 毫米　　16 开本　　13 印张　　140 千字

版　　次：2014 年 4 月第 1 版　　2014 年 4 月第 1 次印刷

定　　价：30.00 元

版权所有　翻印必究·印装有误　负责调换

前　言

　　昆虫通常是中小型到极微小的无脊椎生物，是节肢动物的最主要成员之一。它们在志留纪时期进化，而到石炭纪时期则出现有 70 厘米翅距的大型蜻蜓。它们今日仍是相当兴盛的族群，已有超过 120 万的种类。

　　本书以简明易懂的语言，介绍了昆虫知识，为广大青少年构建起一座有关昆虫王国的知识宝库，在一定程度上满足了广大青少年的求知欲和好奇心。

　　全书由以下部分构成：昆虫生活篇、昆虫才能篇、昆虫爱情篇、昆虫声音篇、昆虫奥秘篇、昆虫危害篇、昆虫常识篇。

　　在昆虫生活篇，介绍了关于昆虫生活的知识，如：昆虫有哪些生活世代及习性？昆虫生活在哪些地方？昆虫寻花的本领是天生的吗？昆虫是怎样呼吸的？昆虫是怎样过冬的？等等。

　　在昆虫才能篇，介绍了关于昆虫才能的知识，如：为什么说昆虫的飞行能力不可思议？你知道昆虫的冬眠与复苏吗？为什么蚂蚁被称为"大力士"？为什么蚁狮那么热衷于挖陷阱？为什么蟑螂会成为未来的昆虫"侦察兵"？你知道昆虫界的"科学家"都有谁吗？等等。此外，本书还介绍了昆虫声音、昆虫爱情、昆虫奥秘以及昆虫对人类的危害等方面的精彩知识。

本书语言通俗易懂，叙述生动有趣，介绍的科学知识准确翔实，会让青少年喜欢阅读，并且对昆虫王国产生浓厚兴趣。相信本书能够帮助青少年增长知识，开阔视野，为他们打开一扇了解昆虫王国的窗口，成为青少年了解自然世界的最佳读物之一。

目　　录

昆虫生活篇

昆虫才能篇

昆虫爱情篇

昆虫声音篇

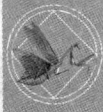

昆虫奥秘篇

昆虫危害篇

昆虫常识篇

昆虫生活篇

昆虫之谜

昆虫有哪些生活世代及习性

　　昆虫从脱离母体到发育生长为成虫、进行繁殖产生后代为止，这个经历称为一个世代。昆虫类群不同，世代所需时间也不同，时间短的如蚜虫，完成一个世代只需 10 天左右，而美洲 17 年蝉完成一个世代要历经 17 年。影响多数昆虫世代的主要因素，除温湿度及光照外，还要受环境条件的制约。当环境恶劣、对昆虫发育不利时，就会出现一段发育停滞时期；当环境有利时即继续生长。如冬季气温下降，有些昆虫进入了休眠状态；春季来临，气温回升，休眠即解除。停滞期有两种，一种是休眠期，另一种为滞育期。前者与环境变化有关，而后者不受环境变化制约，不论环境条件利害与否，都要停止发育。这是由昆虫本身已经具有一定的遗传稳定性决定的，需经过一段时间或受某一因子刺激才能恢复。

　　昆虫与其他动物一样，都有自己独特的习性，除了昆虫具有利

用保护色防御天敌的特征外，大多数昆虫都存在假死性，采集时经常遇到。如象鼻虫的成虫，当人们在植物上发现它并欲捉时，它腿一缩，掉在地上，像死了一样，但两分钟后又会"活"过来。这种现象是昆虫对外来刺激的防御性反应。在白天，蝴蝶、蜻蜓、蜂类及蝇类最常见，而夜间常见的却是蟋蟀、蝼蛄、蚊子和蛾子等，这是由昆虫活动的昼夜节律决定的。前者为日出性昆虫，后者则为夜出性昆虫。有些如蜉蝣、蛾子以及一些甲虫类昆虫常在路灯周围飞舞、碰撞，是因为这类昆虫有趋旋光性。相反，蟑螂惧光喜暗。还有一些昆虫（如蜻类）喜欢成群地聚在一起，是由于这些昆虫具有群集性。

以上是昆虫在活动规律上存在的差异。由于昆虫种类繁多，它们在寄主植物或取食方式上也有习性的划分。从食料上分，有植食性、肉食性和腐食性。植食性多见于鞘翅目的叶甲类、少部分金龟子以及直翅目的蝗虫和鳞翅目幼虫，这类昆虫多危害植物叶子。肉食性多见于步甲、虎甲、蜻蜓，以及螳螂和猎蝽等，它们专以捕食其他昆虫为生。腐食性一般专食动植物尸体、粪便，如金龟子类的屎壳郎专食动物粪便，埋葬虫多以腐烂的动物尸体为食。从取食范围划分，又可分单食性、寡食性、多食性和杂食性。单食性特点是只食一种植物，如三化螟专食水稻。寡食性是以一个或少数同科植物为寄主，如小菜蛾很喜欢食十字花科的多种植物。多食性是以不同科的多种植物为食，如蝗虫就属此例。蟑螂既以植物为食，又可食动物和人类的残羹剩饭，因此，蟑螂属于杂食性昆虫。

陆生昆虫在环境太热时会寻找一个阴凉潮湿的处所。如暴露在阳光下，它使自己处于体表受热面积最小的位置。如太冷，昆虫留在阳光下取暖。许多蝴蝶在飞行前需展翅收集热量。蛾在飞行前振动翅或抖动身体并借毛或鳞片，在身体周围形成一层空气绝缘层保住体热。最适于飞行的肌肉温度是38℃～40℃。

在严寒时，身体结冻是对昆虫最大的危险。在寒冷地区能越冬的种类称为耐寒昆虫。少数昆虫能忍受体液中出现冰晶，不过在这种情况下细胞内含物可能并未冻结。但大多数昆虫的耐寒意味着阻止冰冻。抗冻作用部分是由于集聚了大量的甘油作为抗冻剂；部分是由于血液中的物理变化，温度远在冰点之下而仍不冻。防干旱包括坚硬的防水蜡以及扩大贮水的机制。水生昆虫除了步足发生显著的变化而适于游泳外，主要适应性变化在于呼吸。有的升到水面呼吸。蚊只利用呼吸管末端的最后一对腹气孔吸气。龙虱在鞘翅与腹部之间有一贮气室。呼吸空气的昆虫在体表的毛间形成空气层，作用如鳃，使它能从水中取得气，延长潜水的时间。水中的昆虫幼虫直接从水中得气。摇蚊幼虫整个表皮层有丰富的气管。毛翅目和蜉蝣目幼虫有气管鳃。大型的蜻蜓幼虫鳃在直肠内，水从肛门进出提供氧气。

昆虫生活在哪些地方

昆虫种类这么多，因此，它们的生活方式与生活场所必然是多种多样的，而且有些昆虫的生活方式和生活本能的表现很有研究价值。可以说，从天涯到海角，从高山到深渊，从赤道到两极，从海洋、河流到沙漠，从草地到森林，从野外到室内，从天空到土壤，到处都有昆虫的身影。不过，要按主要虫态的最适宜的活动场所来区分，大致可分为五类：

（1）在空中生活的昆虫。这些昆虫大多是白天活动，成虫期具有发达的翅膀，通常有发达的口器。成虫寿命比较长，如蜜蜂、马蜂、蜻蜓、苍蝇、蚊子、牛虻、蝴蝶等。昆虫在空中活动阶段主要是进行迁移扩散、寻捕食物、婚配求偶和选择产卵场所。

（2）在地表生活的昆虫。这类昆虫无翅，或有翅但已不善飞翔，或只能爬行和跳跃。有些善飞的昆虫，其幼虫期和蛹期也都是在地面生活。一些寄生性昆虫和专以腐败动植物为食的昆虫（包括与人类共同在室内生活的昆虫），也大部分在地表活动。在地表活动的昆虫占所有昆虫种类的绝大多数，因为地面是昆虫食物的所在地和栖息处。这类昆虫常见的有步行虫（放屁虫）、蟑螂等。

（3）在土壤中生活的昆虫。这些昆虫以植物的根和土壤中的腐殖质为食料。由于它们在土壤中的活动和对植物根的啃食而成为农业、果树和苗木的一大害。这些昆虫最害怕光线，大多数种类的活动与迁移能力都比较差，白天很少钻到地面活动，晚上和阴雨天是它们最适宜的活动时间。这类昆虫常见的有蝼蛄、地老虎（夜蛾的幼虫）、蝉的幼虫等。

（4）在水中生活的昆虫。有的昆虫终生生活在水中，如半翅目的负子蝽、田鳖、龟蝽、划蝽等，鞘翅目的龙虱、水龟虫等。有些昆虫只是幼虫（特称它们为稚虫）生活在水中，如蜻蜓、石蛾、蜉蝣等。水生昆虫的共同特点是：体侧的气门退化，而位于身体两端的气门发达或以特殊的气管鳃代替气门进行呼吸作用；大部分种类有扁平而多毛的游泳足，起划水的作用。

（5）寄生性昆虫。这类昆虫的体型比较小，活动能力比较差，大部分种类的幼虫都没有足或足已不再能行走，眼睛的视力也减弱了。有些寄生性昆虫终生寄生在哺乳动物的体表，依靠吸血为生，如跳蚤、虱子等。有的则寄生在动物体内，如马胃蝇。另一些昆虫寄生在其他昆虫体内，对人类有益，可利用它们来防治害虫，称为生物防治。这些昆虫主要有小蜂、姬蜂、茧蜂、寄蝇等。在寄生性昆虫中，还有一种叫做重寄生的现象。就是当一种寄生蜂或寄生蝇寄生在植食性昆虫身上后，又有另一种寄生性昆虫再寄生于前一种寄生昆虫身上。有些种类还可以进行二重或三重寄生。这些现象对昆虫来说，只是生存竞争的一种本能。

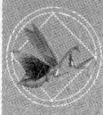

昆虫寻花的本领是天生的吗

勿忘草蓝色花朵的中间有一个黄色的圈，这个圈是干什么用的呢？这个圈是在向昆虫们暗示：到这儿来采蜜。原来勿忘草花的这个黄圈所在的地方，正是它分泌花蜜的地方的入口，黄色圈使昆虫和勿忘草之间达成了一种默契，勿忘草用黄圈向昆虫示意，照着这个黄圈走吧，肯定会有收获。其实这种默契在许多其他的花虫之间也有。

花草的颜色和香味也是一种花草与昆虫达成默契的方法。昆虫从很远的地方就可循着花香去找合作伙伴，花草的颜色引诱昆虫前来合作。合作的对象、地点确定之后，便进入实质性阶段：昆虫与花草之间通过食物——花蜜和花粉来完成默契。为了使昆虫容易找到花蜜，花草各自准备好了特殊的"引诱"设备，在分泌花蜜的管道入口处长出与花的其他部位不同的颜色，或是深色，或是浅色，或是长成色斑，这些各式各样的"花蜜指路牌"，指引昆虫到达采集食物的目的地，吃到甜滋滋的花蜜和花粉，同时带出一些花粉，为花草们传宗接代尽心尽力。花草为与昆虫达成默契使出了浑身解数，昆虫又是怎样来辨别这些暗示的呢？请接着往下看。

花的颜色是引导昆虫寻花的标志。蜜蜂通过视觉可以在五彩缤纷的大草原中，选择它中意的那些花。蜜蜂的视觉只能辨别 4 种颜

色，它们只能看见黄色、蓝绿色、蓝色和人看不见的紫外线色，凡是能显出以上颜色的花，都是蜜蜂采集的对象。那么，红花怎么办呢？蝴蝶是唯一能辨别红色的昆虫，红花是蝴蝶拜访的对象。还有一些高大植物所盛开的鲜红色的花，就必须靠鸟类来传粉了。

各类昆虫中，蜜蜂无疑是为植物传粉授精的"主力军"，但蜜蜂只能辨别4种颜色，它是否能胜任呢？其实蜜蜂也拜访白花、红花。在人类看起来是白色、红色的花，其实是由多种颜色混合而成的。比如一种人类看起来是红色的罂粟花，它除了红色外，还含人类看不见的紫外线色，蜜蜂虽看不见红色，但它却能辨别紫外线色。白色花实际上是由多种颜色混合之后，反映到人们视觉中为白色，而且白花几乎都能吸收紫外线，同时反射出黄色和蓝色，因此，人看起来是白色的花，蜜蜂看起来可能是蓝绿色。这样蜜蜂寻花的范围就扩大了很多。

　　仅仅从颜色来寻花不能保证蜜蜂不犯错误，蜜蜂还必须根据花的形状和气味来辨别各种植物的花朵。帮助蜜蜂判断花的形状和气味的是触觉器官和嗅觉器官，这些器官都长在蜜蜂的触角上。花朵的颜色在很远的地方就吸引着蜜蜂，飞到较近的距离时，蜜蜂就根据气味来做最后的挑选，好从相似的颜色中认出自己需要的花来。蜜蜂的嗅觉器官和触觉器官都长在它能活动的触角上，所以触角所到之处，在嗅到气味的同时，也触及了被嗅到的花的外形，"测量"到了花的"尺寸"。气味和形状对了，就不会认错花了。

　　昆虫寻花还要靠它们的味觉器官，即通过口腔中的味觉器官，判别花蜜的滋味，合口味的便是所要寻找的花朵。有趣的是，并不是所有的昆虫的味觉器官都生在口腔里。苍蝇是用腿的尖端来感觉味道，蝴蝶是用脚的尖端来试味。

　　昆虫寻花的本领可用色、形、味、香来概括，经过对花的颜色、形状、气味、滋味一系列的判别，才能从万花丛中找到自己所需要的花。

昆虫是怎样呼吸的

　　昆虫自有独特的呼吸方式。昆虫的体内均有一套网状空气导管系统，该系统纵横交织遍布全身，以至于头部也布满了供气管，昆虫活脱就是一个个空洞的头脑。

昆虫体内的小气管都是分级连接沟通的。其终末细管与单个细胞相连。在细胞体上，直径不足 1 微米的微气管分支能延伸至细胞原生质中。这样一来，氧就可以一步到位地输送到目的地。微气管的数量分布与细胞的耗氧量呈正比，像飞行肌那样的大细胞里，纵横交织的微气管网络保障了它十分可观的供氧量。

能够独立探测身体的缺氧部位，这是昆虫表皮微气管所特有的功能。直径为 1 微米的微气管是长度不足 1/3 毫米的盲管，当其周围的组织耗氧量增大时，微气管便自行扩张，长度可延伸到 1 毫米左右。微气管的外口开放时间非常短暂，尤其是那些水生昆虫的微气管，通常是关闭的，否则，流经昆虫体内的强烈气流就会在极短的时间内将它吹干。昆虫体内的氧是通过皮肤或鳃直接扩散到呼吸道，再由呼吸道的网络遍及全身。

呼吸速度极快的大型陆栖昆虫，它们的腹肌运动频率高达 70 ~ 80 次/分钟，而且腹部扁平，有利于排气。当腹肌松弛复原时，空气又吸入体内。它们的呼与吸两个动作采用不同的通道，即用胸部气孔吸气，排气则用腹部气孔。

昆虫是怎样过冬的

昆虫是变温动物，它们怎样过冬呢？原来它们各有一套诀窍。

螳螂能做成很大的卵块，一块就有 300 ~ 400 粒卵，连同分泌

物一起形成卵囊。外面是一层很厚的保护层，粘附在向阳的树干上，不怕冰雪和寒风。

负子虫将卵产在自己的背上，然后潜伏在水下的泥土中过冬。

切叶蜂把成叠的椭圆形叶子运到地下或空心木头里面，筑成一排排蜂房，形成椭圆形的"住宅"。住宅内备有花蜜或花粉，产卵过冬。每只切叶蜂可以建造 30 个蜂房，所需要的椭圆形叶子至少1000 张，工程之大，让人叫绝。

金龟子的幼虫，身体很肥胖，贮藏着十分丰富的营养物质，躲藏在泥土的深处，呈休眠状态过冬。

天牛，有一只天生的极其锋利的嘴巴，在树干上挖一条"隧道"，幼虫在这条"隧道"里过冬。

灯蛾的蛹，外面具有一层坚硬的几丁质外壳，能忍受严寒的侵袭，蛹体内又贮藏了较多脂肪，可防冻伤。

避债蛾从幼虫时期起，就用树皮和树枝做成一个"口袋"，背在身上或挂在树枝上，休息时，就躲进"口袋"里。深秋时节，它就钻进"口袋"里，变成蛹，安全过冬。

科学家研究，耐寒昆虫的"皮肤"里，有一种特殊的色素细胞。这种色素细胞的大小能随时变化。当细胞膜张大时，皮肤的颜色就变浅，使昆虫的身体能很好地反射光线；当细胞膜缩小时，皮肤的颜色就会变深，身体就能吸收更多的光和热。如果身体被晒得太热了，昆虫体内的色素细胞就会膨胀，以防体温过度升高。

蝗虫妈妈在朝阳背风的斜坡上，用坚硬的"尾巴"（产卵瓣）掘地打洞，然后把身体腹部拉长伸进洞里，把卵一粒一粒地产在一起，产完卵再分泌胶液把卵块包起来，就像个胶袋，又保暖又不怕水泡，真是万无一失。

大青叶蝉的产卵管像一把锯子，可用它锯开树皮，把卵产在里面，让卵在树皮里过冬。

盲蝽象的嘴巴和针一样。它先用嘴在植物上刺个小洞，然后调过头来把产卵管伸到小洞里产一粒卵。卵露在外面的一头有个小盖子，又能挡风又能透气，一举两得。

冬天到来之前，蛾子的幼虫便钻进地下，做一座坚固的土房子，再从嘴里吐出黏液涂刷内壁，使"小土房"变得光滑，既保暖又安全。

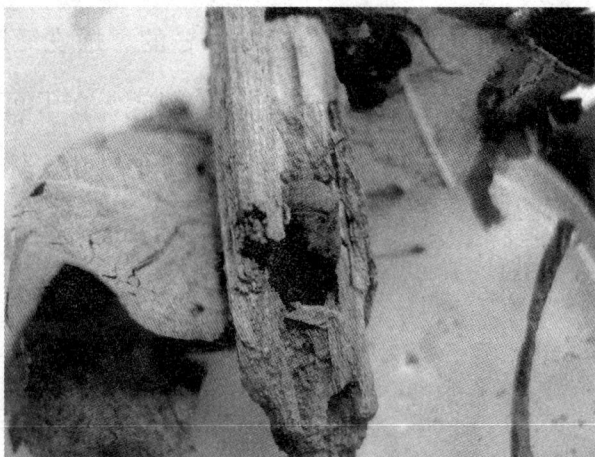

小麦叶蜂不会造房子，但它知道在土壤浅层里睡觉太危险，于是拼命往深处钻，那里不但暖和，而且来年农民耕地时也碰不着它。

刺蛾幼虫更有一招，它吐出丝和黏液，把身上的毛编织成一个很硬的圆茧，活像一个小鸟蛋，粘在树杈上，硬得像个小石头子，谁想吃也吃不动。

梨星毛虫最喜欢吃早春的嫩芽。它们爬到老树干的向阳面，钻到树缝和老树洞里，然后脱下身上的长毛，再吐丝织成个"毛毯"，

紧紧裹在身体外面，这样就不会受冻了。

甲虫那坚硬的翅鞘和厚厚的皮肤，像穿了一身防寒服。冬天快到时，它们就大吃大喝，在体内贮存足够的营养。因此，它们最不怕冷，在落叶下、碎石里、树洞中，随便找个隐蔽的角落，都可以安全过冬。

家蝇将蛹埋在土里过冬，但多数蝇类和蚊子是以成虫过冬的。它们溜进人们的住房，躲在阴暗的角落，都可以安全过冬。

豆天蛾和菜白蝶是以蛹过冬的。蛹皮又厚又硬，比幼虫更耐寒。等天气一回暖，过冬蛹就变成蝶，在田间飞舞了。

昆虫为了安全过冬都要做充分的准备，你若细心观察，肯定会觉得有趣。

为什么冬去春来蜜蜂都能应对自如

蜜蜂的辛勤劳动是从春天开始的。它们不仅具有不辞辛劳的素质，更具有身手不凡的管理才能。从大自然中采集的花蜜含水量高达40%～60%，蜜蜂总能设法将水分降至20%以下，气温高时这似乎并不难，天冷的时候，它们就得在蜂巢里集体行动，用身体为蜂巢加温。一群蜂在一个工作季节里能酿蜜150～250千克，这就表明有180～350升水要在其"加工"过程中被蒸发掉。

酿制好的蜂蜜会被送到特殊的仓库（蜂房）用蜡封存，以备来日之需。食物防腐通常采用的方法是高温蒸煮和容器密封，蜜蜂的高招则是给蜂蜜本身赋予了一种能分解微生物的物质，使其防腐功能更为有效。蜂蜜作为辛勤劳动的结晶来之不易。为了保卫这一劳动果实，蜜蜂从不懈怠，一有风吹草动，它们就发出报警信息，群起而攻之。

而到了冬季，为了抵御寒冷，变温动物往往加强它们的新陈代谢。为了产生更多的热量，蜜蜂在暴饮暴食方面具有惊人的肚量。蜜蜂没有冬眠的习性，但作为个体，它仍然无法维持必要的体温。作为一个机制健全的社会自控群落，蜜蜂具有战严寒抗冰冻的整体实力。于是就有它们自得其乐的"冬季俱乐部"。

"俱乐部"在每年的初冬时节开始运作。只要外界气温下降，蜂巢里的蜜蜂就会以蜂王为中心抱成"团"，不停歇地爬来爬去，形成一个由蜜蜂的血肉之躯构筑的球体。临近蜂王的蜜蜂享用大量高热值的蜂蜜，并释放大量的热能，使球体外层的蜜蜂不至于受冻。而外层的蜜蜂似乎是纠缠不清、拥挤不堪，形成一个隔热层，使里层的弟兄们免受风寒之苦。外层与里层的蜜蜂之间会循环往复地互换位置，从一定程度上也调节了蜂团的温度。蜜蜂正是依靠这种团队精神和消耗大量的蜂蜜来度过寒冷的冬天的。

蜜蜂的幼虫每天要接受"保姆"给予的一千三百多次喂食，因而获得了丰厚的热量。但要在单个的巢房中独自越冬仍无法保暖。为了使蜂巢内保持温度，工蜂以密集的聚会形式，结成严密的绝热层，以血肉之躯保全幼蜂免受严寒的侵袭。倘若如此这般还达不到

升温的目的，工蜂就像抱窝鸡那样，振翅飞舞，使蜂房迅速升温，确保幼蜂的越冬安全。

姬蜂是如何养家糊口的

姬蜂对生儿育女所倾注的热情和爱心不亚于动物界任何其他种类。但它们养家糊口的方式却是别出心裁的。

姬蜂总是用螯针猎杀食物——毛虫、蜘蛛、甲虫或甲虫的幼虫，然而为了食品的"保鲜"，它从不把猎物置于死地，而仅仅是刺伤而已，然后把猎物运送到"家"中（洞穴里）。它在猎物的身上产下一个或多个蜂卵，便撒手离去，而它的孩子们则慢慢享用猎物所提供的养分，在"家"中成长起来。

为了把握"伤而不死"的分寸，姬蜂总是选择一个固定的部位对猎物"行刺"。螯针刺入猎物体内并触及它的神经节，仅射入一滴毒汁，猎物便瘫痪了，这很像是人类医学临床应用的针刺麻醉术。

不少姬蜂也常有一些"不劳而获"的不光彩行为。它们并不去冒险发起攻击，而只是观望同伴的冒险举动，一旦胜利者放下猎物去觅洞时，它们就会把现成的食物偷走，占为己有。

刚孵化出来的姬蜂幼虫，其"保鲜"意识似乎是与生俱来的。它们先食用猎物肌体不重要的部分，使猎物仍保持鲜活，甚至到吃完了猎物的一半或3/4，猎物还依然活着。姬蜂这一匠心独具的繁衍后代的方式，使其子女食宿无忧。在它们没有冰箱的居室里（洞穴），它们的食品的新鲜程度远非人类的罐头食品可以比拟。

昆虫的复眼有何奇妙之处

昆虫和甲壳动物的眼是别具一格的。从外观上来说，它们头部是长着一对不小的眼，但仔细分析，其实每只眼是由几百只甚至成千上万只小眼组成，故此称为复眼。整个复眼呈半球状，每个小眼则呈锥状。如象鼻虫的复眼，如果在中部剖开一小部分，可以看到小眼一个挨一个地紧密地排列着。每只小眼朝外的一面有一层角质的晶状体，光线可以从此处透入，其他部分的表面是一层色素层，使光线不能穿过，从而使相邻的小眼相互隔开，成为功能上各自独立的小眼。复眼本身不会转动，动物是靠转动头部才使复眼朝向所要看的地方。经研究发现，在复眼注视某一目标时，通过小眼角膜晶体的折光系统，可同时在每个小眼形成一个物像。既然对于同一

个目标，却由小眼形成许许多多相同的景象，人们不禁会问，这有什么必要？这不是"多此一举"吗？其实不然，它非但不是"多此一举"，相反，这一装置有着许多美妙功能，人类还要拜它为师呢！例如，有模仿蝇眼而研制出的"蝇眼"照相机，有模仿复眼测量运动的物体的速度的特别速度计等等。

复眼美妙功能之一，是提高时间分辨率。一件物体摆在眼前，人通常需要盯住物体观看 0.05 秒才能看清楚，但苍蝇或蜜蜂，只需约 0.01 秒就够了。螳螂从发现猎物到用带锯齿的前足捉住猎物，整个过程只需 0.05 秒就可完成。所以，有些一晃而过的物体，对人类来说根本未能看清，但具复眼的昆虫，可能已辨别出其形状大小了。上面提到的模拟蝇眼研制出的"蝇眼"照相机，它的镜头由 1329 块小透镜黏合而成，一次能拍摄出 1329 张照片，分辨率高达每厘米四千多条线条。这种照相机可以用来复制十分精细的显微电路，这些显微电路在电子计算机中是广泛使用的。复眼的另一美妙功能，是它的高效测速功能，它可称得上是一精巧的测速计。如前所说的象鼻虫，它的复眼呈半球形，整个复眼的视野超过 180°，就看东西的范围——"视野"来说，比人的要宽广得多。对一个在活动着的物体，如小虫子，复眼中的所有小眼，并不是同时看到它的，各个小眼是有先有后地看到这个物体的。反过来说，当具复眼的昆虫在空中飞舞时，对地上的花草等静止不动的物体，也不会像我们坐汽车、火车时看窗外的树木、电线杆那样，看到这些东西像在连续运动似的，而是看到一个个单个的景像。

我们知道，放电影时，尽管电影画面是一幅幅的，但如果以每秒钟放映 25 幅的速度放映，那么那些动作不连续的画面，看起来也会觉得是连续的。但如果让有复眼的昆虫去看电影，会是一幅幅不动的"定格"般的画面，若要它们感到是连续动作，每秒钟至少要放映几百个镜头才行。这对昆虫来说是很有好处的，因为在它快速飞行时，不会把各种不动的物体看成是连续活动的。不然的话，既发现不了要"着陆"的花朵、要捕食的猎物，也不能准确地发现敌人，有效地躲避敌人。由于昆虫飞行时，每个小眼都在观看它的视野范围内的景物，并获得它所观测到的"数据"，而根据这些数据，它们的脑就能"计算"出自身相对于地面物体的飞行速度，所以，在"着陆"时，能调整它的飞行运动，自动控制飞行速度，不快不慢、恰到好处地完美着陆。人们正是从中受到启发，于是模仿复眼的功能原理，研制出一种飞行器（如飞机、火箭等）上的速度计。这种速度计是在飞行器上装备两个成一定角度的光电接收器，而在地上一固定地点发出光学信号。由于两个光电接收器的位置是两者成某一角度（夹角）的，有如复眼中的某两个小眼，故它们必然是按顺序地接收地面上同一目标发来的光信号，因此，只要将两者接收到地面光信号的时间差和飞行器的飞行高度，以及两个接收器所形成的夹角的度数等数据输入计算机，就能得出该飞行器相对于地面的相对速度，据此，就可以按要求来调整飞行器的飞行速度。

为什么飞蛾总是锲而不舍地扑向灯光呢

夏天的晚上，当屋子里点上电灯后，常常有蛾子飞进屋来，围绕着灯光团团打转。如果灯光熄灭了，这些蛾子就会很快飞散。可是，当灯光重新点亮时，蛾子又会从四面八方再度飞来。

那么，飞蛾为什么扑向灯光呢？过去，人们只认为飞蛾特别喜欢光亮，"飞蛾扑灯"说的正是飞蛾的趋旋光性。其实，飞蛾看不见红色光线，而对紫外光线的反应特别灵敏。因此，人们利用飞蛾的这种特性，在田野里悬挂起一盏盏紫外光灯，在灯下放置水盆或设下"陷阱"，让飞蛾在绕灯打转时跌进去，从而诱杀它们。

科学家经过长期的观察和实验，还发现飞蛾在夜间飞行活动时，是依靠月光来判定方向的。它总是使月光从一个方向投射到它的眼里。当它过了障碍物转弯以后，只要再转一个弯，月光从原先的方向射来，它也就找到了方向。在没有月亮的时候，飞蛾看到灯光时，错误地认为这是"月光"。于是，它就用这个假"月光"来辨别方向。它只要使自己与远的月亮保持固定的角度，就可以使自己朝一定的方向飞行，方向就不会错。可是，由于灯光离飞蛾很近，飞蛾为了使自己同光源保持着固定的角度，就会不停地绕着灯光打转转，直到最后精疲力竭地死去。

为什么昆虫会蜕皮和改变形态

　　蜕皮与变态是昆虫特有的生活程序，但是为什么会有蜕皮与变态的发生呢？昆虫学家们经过长年的不懈努力，终于知道，原来昆虫的蜕皮与变态是来自于多种激素的作用。那么，什么是激素呢？激素是内分泌腺体或细胞所分泌的一种微量化学物质，释放至血液后，通过血液循环，运送到目标组织器官，然后产生某种特异的生理功能。科学家已经知道至少有三种激素参与了昆虫的蜕皮与变态，它们的发现还有一段小小的历史呢。

　　早在 1917 年，一位名叫科坡斯的波兰昆虫学家就已经发现，蛾类幼虫变态成蛹的发育过程，由脑内所释放的化学因素所控制。他所做的实验大致如下：在最后一龄（5 龄）幼虫的早期，在幼虫

的胸腹部间用一根丝线结扎，结扎后所形成的头胸部与腹部就一直维持幼虫的形态（它们仍然可以存活数星期之久），而不能变态成蛹。但是，如果结扎的时间延后，在5龄后期，再结扎幼虫的胸腹部，那么所形成的头胸部与腹部却与未结扎的幼虫一样，都进行化蛹的变态蜕皮。如果在5龄中期结扎幼虫的胸腹部，那么所形成的头胸部则进行化蛹的变态蜕皮，但腹部仍一直保持幼虫的形态不变。

从上述实验及头胸部间的结扎等实验结果中，科坡斯推论出昆虫的幼虫转变成蛹的变态蜕皮，是由位于头部的脑内所释放的某一因素所控制，如果在某一临界期之前（脑内因素释放前）结扎及切断头部的话，就阻碍了变态，但过了临界期（即脑内因素已释放到胸腹部），头胸部间或胸腹部间的结扎就失去效果了。后来，他将该脑内因素命名为脑激素。尽管科坡斯的研究在当时并未受到重视，但在这以后的几十年的研究中，科学家们终于发现，他的研究结果意义非凡，在所有的昆虫，乃至其他动物中，他第一次提出了动物的发育由脑激素所控制的理论，从而揭开了整个动物内分泌的内幕。

那么，脑激素到底是什么物质呢？从20世纪50年代开始，欧美及日本的学者就进行了不懈的努力，试图纯化这一脑激素。到了80年代的末期，日本学者通过好几代研究者的努力，终于揭开了脑激素的神秘面纱，使其真相大白。原来它是一个由218个氨基酸所组成，分子量约为30000道尔顿左右的蛋白质分子，目前我们称它为促前胸腺激素，其功能在于刺激前胸部的一对称为前胸腺的器官，使其分泌一种称为蜕皮激素的类固醇物质，从而引起昆虫的蜕皮与变态。

　　昆虫的蜕皮与变态除了受促前胸腺激素及蜕皮激素所控制外，昆虫的另一重要内分泌器官（即咽喉侧腺），也参与了调节作用。咽喉侧腺的功能是由英国的医生沃尔斯在 1930 年代所做的一系列研究中所发现的。沃尔斯利用吸血椿象进行了很多实验，他将该虫的 3 龄或 4 龄幼虫去除头部，发现剩下的胸腹部就不会再进行幼虫蜕皮，而直接变态成很小的早熟成虫（又称早熟变态），这是因为断头时将脑后方的一对小器官（即咽喉侧腺）一起去除的缘故。但是，如果断头时将咽喉侧腺留在胸腹部，早熟变态就不会发生。一般而言，该虫的 5 龄幼虫为最后一龄幼虫，但如果将 5 龄幼虫与 3 龄或 4 龄幼虫进行并体实验（即通过玻璃管使虫体合并在一起，使两者有血液的交流），或者将 3 龄（或 4 龄）幼虫的咽喉侧腺移殖到 5 龄幼虫，那么，该 5 龄幼虫就还会再进行一次幼虫蜕皮，而产生超龄（即 6 龄）幼虫。沃尔斯从上述实验中得出一个结论，即幼虫期的早期（1～4 龄）的咽喉侧腺可能分泌一种抑制激素，抑制了幼虫转变为成虫的变态，但到了 5 龄幼虫的中期，咽喉侧腺的分泌活性就停止了，因此幼虫就进行了变态的蜕皮。后来这种抑制性的激素在其他许多种昆虫中都得到了证实，且定名为青春激素。沃尔斯尽管在 30 年代很年轻的时候就发现了该激素的存在，但是后来的 50 多年间，他一直以吸血椿象为实验材料进行研究，直到 90 多岁临终的几个月前，还一直进行着研究工作，不愧为大师级的昆虫学前辈。

由上述的一系列实验结果，我们可将昆虫的蜕皮与变态的激素调控机制简要地描述如下：在幼虫生长及发育中，脑内神经分泌细胞所分泌的促前胸腺激素释放至血液后，刺激前胸腺使其分泌蜕皮激素，当血液中蜕皮激素浓度达到很高值时，新的表皮细胞就会合成，从而幼虫就会进行蜕皮的准备，但是，在幼虫期的早期（1～4龄），咽喉侧腺分泌青春激素的能力很强，血液中高浓度的青春激素使幼虫反复地进行幼虫蜕皮。但是，到了最后一龄的中期，咽喉侧腺停止分泌青春激素，而末期在高浓度的蜕皮激素作用下，幼虫进行由幼虫转变成蛹（不完全变态昆虫为幼虫转变成成虫）的变态蜕皮，这就是所谓的调控昆虫蜕皮与变态的中心法则。

尽管中心法则的模式图简单扼要地描述了昆虫蜕皮与变态的内分泌控制机制，事实上，昆虫生长与发育的激素调控远比我们想象的要复杂。例如，在最后一龄中期，咽喉侧腺会停止分泌青春激素，但在这之前的每一个龄期则会持续分泌。这是为什么？在这个问题上，从后来所做的一系列研究结果中，终于得到了一点小小的线索。科学家在分析家蚕的咽喉侧腺分泌活性调控机制中发现，在幼虫发育的早、中期，体内较高的蜕皮激素刺激了咽喉侧腺的青春激素的分泌，但在最后一龄的早期，蜕皮激素的浓度变得十分低，就不能持续刺激咽喉侧腺，因此，咽喉侧腺就停止分泌青春激素，最后，就形成了幼虫转变为蛹的变态蜕皮。

昆虫从幼虫转变成蛹及蛹转变为成虫的蜕皮与变态的发育过程，是其成功适应大自然而演化的产物。对调控昆虫生长与发育的内分泌生理机制的探讨，将使我们更进一步深入了解昆虫是如何通过其内在生理机制来调节其生长与发育，以成功适应大自然的变迁的。

为什么蜜蜂蜇人后自己也会死掉

如果驱赶、扑打蜜蜂，蜜蜂出于自卫的本能，就要蜇人。另外，蜜蜂不喜欢黑色的东西和酒、葱、蒜等刺激性气味。如果人穿黑衣服又带着上述气味接近蜜蜂，蜜蜂会被惹怒，就会蜇人。但是，蜜蜂蜇人后，自己也会死去。我们养殖的大多数蜜蜂类就是这个属的，其特征之一是雌蜂产卵器进化为两片骨质刺，工蜂是大多数雌蜂的不完全发育体，产卵器不用于产卵而进化为自卫与保护蜂巢的工具，但依然与腹腔内的多个内脏相连。

当蜇刺大动物时，蜂蜇的运动是尖端刺入组织，而后两片骨片由中间相连组织带动转动，可以说蜜蜂蜇人不是刺入而是钻进肉里的。蜂蜇上满是倒钩，进了组织就死死牵住，无法出来，工蜂会用力脱身，挤压毒囊尽力使蜂毒注入组织，这时内脏就连着蜂刺一起被扯出体外。蜇刺的毒腺此时会释放攻击信息素，刺激与吸引其他工蜂来袭击入侵者，但几乎所有的内脏都从腹腔内被撕扯出来，这样当然是活不了了。

蜂王有两个蜇刺，一个与体内分离，用来杀死竞争的新老蜂

王，不会伤及内脏，另一个则是产卵器，用来繁殖。雄蜂是雄性的，根本就没有产卵器，所以也就无螫刺了。

蜜蜂类中的一些种类，熊蜂族的进化更具攻击性，螫刺坚硬牢固，可以像黄蜂和一些蚂蚁一样连续螫人不脱落，不会伤及自身，是一类危险的蜜蜂。

为什么昆虫爱往亮的地方跑

为什么昆虫爱往亮的地方跑？最主要的原因在于昆虫的趋性。

趋性就是对某种刺激进行趋向或背向的有定向的活动。刺激物可有多种多样，如热、光、化学物质等等，因而趋性也就有趋热性、趋旋光性、趋化性之分。由于对刺激物有趋向和背向两种反应，所以趋性也就有正趋性和负趋性（即背向）之分。

对刺激作出一定的反应是昆虫得以生存的必要条件。趋性就是所作出的反应的一种方式。例如，高等动物的外寄生昆虫（蚤、虱）需要动物的体温作为刺激，以它们的趋热性而找到寄主动物。许多昆虫对光有明显的反应。大多夜出性蛾类有趋旋光性；而如蜚蠊类昆虫经常藏身于黑暗的场所，见光便躲，即有负趋旋光性（或称背旋光性）。趋化性在昆虫寻找食物和找异性交配、找产卵场所等活动中，都占极重要的地位。

当然昆虫还有别的趋性，如趋地性、趋湿性、趋声性等等。

不论哪种趋性，往往都是相对的，对刺激的强度或浓度有一定程度的选择性。外寄生昆虫要求最适宜的温度就是寄主动物的体温。人身上的体虱，常生活在人的贴身衣服上，若人因病发烧，即超过了正常的体温，体虱就爬离人体，表现为负的趋热性。这正是虱子扩散传播传染病的一种方式。当昆虫同时遇到若干种温度时，总是向它最适宜的温度移动，而避开不适宜的温度。有趋旋光性的昆虫，对光的波长和光的照度也是有选择的。蚜虫黑夜不起飞，白天起飞，而且光对它的迁飞有一定的导向作用；但在光强达到10000 米烛光以上时，桃蚜却躲回叶背不起飞了。蛾类在夜间有趋旋光性，但白天光照太强又躲起来了。对化学刺激也是如此。在性引诱试验中证明，过高浓度的性引诱剂不但起不到引诱作用，反而成为抑制剂。

蚂蚁吃自己种的蘑菇，你相信吗

热带雨林是地球上生物多样性最丰富的地区，尤其是亚马逊的热带雨林，这里丛林茂密，人迹罕至，隐藏着大自然的无数奥秘。

蚂蚁吃自己种的蘑菇，你相信吗？在亚马逊的热带丛林就有这样一种怪蚂蚁，它们并不直接吃树叶，而是将叶子从树上切成小片

带到蚁穴里发酵，然后取食在其上长出来的蘑菇。这就是切叶蚁，又叫蘑菇蚁。

切叶蚁的食物加工过程很有趣。体型最大的工蚁离巢去搜索它们喜好的植物叶子，利用刀子一样锋利的牙齿，通过尾部的快速振动使牙齿产生电锯般的震动，把叶子切下新月形的一片来。同时，它们发出信号，招来其他工蚁加入到锯叶的行列中。切下一片叶子的工蚁就背着自己的"劳动成果"回到蚁穴去。它们每分钟能行走180米，相当于一个人背着220千克的东西，以每分钟12千米的速度飞奔，可见其速度与体能之惊人。

在蚁穴里，较小的工蚁把叶子切成小块，然后再切磨成浆状，并把粪便浇在上面；其他工蚁在另一间洞穴里把肥沃的液浆粘贴在一层干燥的叶子上；还有的工蚁从老洞穴里把真菌一点点移过来，种植在叶浆上。真菌在上面像雾一样扩散，一大群矮脚蚁管理着真菌园。

对于切叶蚁，真菌对它们具有非常重要的意义，可以说是它们的救命草，因此，它们十分注意呵护、培育真菌。切叶蚁用昆虫的尸体或植物残渣之类的有机物质培育真菌。它们把真菌悬挂在洞穴的顶上，并用毛虫的粪便来"施肥"。

真菌园的管理十分认真，特别是那些专门担任警卫工作的兵蚁，简直不离开一寸，生怕外来蚁入室偷窃。一旦发现不速之客，它们个个勇猛异常，与入侵者展开殊死搏斗。由于这一特性的存在，它们也成了圭亚那印第安外科医生做缝合手术时的好帮手。这些土著医生先将病人的伤口对合，然后操纵兵蚁用其双颚进行"缝合”，然后剪去蚁身，留下的蚁头就会起羊肠线的作用，将伤口缝合得很紧密。

为什么螳螂被称为“鲜活生物的潜伏的魔鬼”

干瘪饥饿的潜猎者以闪电般的速度猛冲了一下，蝗虫仍静静地攀附在几厘米远的细枝条上，毫不察觉。紧接着，潜猎者又是猛然一冲，在 1/20 秒内捉住了这个猎物并将其置于锯刃般的前肢之中，死死钳住，然后咬断了它的颈节。这就是被法国昆虫学家法布尔称之为“鲜活生物的潜伏的魔鬼”——螳螂。

早在人类社会初期，人们就对螳螂表示了敬畏和关注。它们那种举起前腿竖立的姿势，好似在作祈祷，鼓鼓的眼睛透出机灵神气，能够任意转动的头部看起来很恐怖——正是这些特点加在一起，使得古希腊人赋予它一个含有占卜、预言、先知者意义的名字。

无论在热带、亚热带和温带，都有螳螂生存着，其种数在 1800 种以上。螳螂除了前腿特别巨大外，其最明显的特征是那带着复眼的高度灵活的头。它的眼睛可以盯住正前方的任何活动目标，而其他昆虫即使拧断了头也做不到这点。这一对大大的复眼长在宽大的

头盖骨上，这使得螳螂能更好地测定猎物的距离。这些眼睛可以迅速调整，以适应耀眼的太阳光或者黎明和黄昏时分照射在叶面上的光线的强弱变化。不过，螳螂是一种日间活动生物，因此没有适应夜间活动的视觉能力。它的每只眼睛中有像瞳孔般的圆点，看起来简直就像射向猎物的射击孔。

螳螂只捕食活的猎物，而且只捕食生活在花卉、叶子、树枝或地面上的昆虫，决不捕食在飞翔中的猎物。尽管许多种类的螳螂都有翅翼，但它们几乎完全不用它。

螳螂有时甚至捕食比它自身还大的猎物，但它的嘴却是惊人的小，与其远祖蟑螂相同。为了捕捉住猎物，扩大活动范围，螳螂的前腿大大地延长了，其腿节外骨骼结构相当精妙，而且异常坚硬。同时还有几排坚硬锐利的齿。在前肢的末端，长有一个形似土耳其古代弯刀的爪子，用以钩住猎物。在防御中还可以用它重创来袭的小鸟的眼睛。为了抗拒同类的逼迫和人类的逗弄，螳螂会把前身拱起，举起前腿，展开翅翼，作出吓唬对方的姿势。有些种属的螳螂，其肢体还饰有许多斑点，用以增加其威慑效果。

螳螂由于它的奇特外形和两种不同速度的生活方式——一是纹丝不动地欺骗等待，一是闪电般地打击——总是被人们看作一种令人极其迷信、敬畏的生物。许多乡民都叫它们"恶魔"，美国南部边远地区的农民称它为"骡驹谋杀者"，据说它们会从嘴中流出一些"烟草汁"，这对骡驹会造成致命的伤害。在欧洲，有种传统的说法，认为"螳螂具有魔力"。意大利的一些省份里有一种极为普遍的信仰：如果向它作祈求的话，它会用前腿的姿势给一个迷路的孩子指明回家的方向。

在东方人的历史中，则是把螳螂作为勇猛的象征。日本人称它为镰刀，它们的好斗进取气概常与古代日本剑客的名字相关。中国武术中有模仿螳螂动作的拳术。螳螂与中国的传统医药也早已结下不解之缘，早在公元前 15 世纪，就认为用不含卵的螳螂茧煮水可以治疗许多病痛——甚至可以防止刀剑创口的感染。在中国古代，有卵的螳螂茧还用来医治急腹痛，去除疣，减轻淋病的疼痛，治疗气喘，以及膀胱、胆囊等处病症，还能治疗尿床、坐骨神经痛和气血虚弱、阳痿等病。直至今日，中国的中草药学家仍然在使用螳螂茧子和螳螂的蜕皮。

在数百万年的进化过程中，螳螂已遍布所有气候适宜的地区，它们在热带和亚热带地区繁殖特别旺盛，而且已经形成与各种环境相适应的保护色和形态。在热带森林中，绿叶螳螂遍布在各种叶层。棕色干树叶类的螳螂则在林木底下繁殖。螳螂还出现在草原及无树平原，灌木丛林以及沙漠地区。它们的种类繁多，形态各异，有像花的、树枝的，有像蚂蚁的、地衣的、树皮的，等等。因此可以很容易地理解为什么它们有 1800 种之多——它们由若干个科、数百个属组成，其数量比地球上的人口还多。

螳螂具有守株待兔的耐心，它总是埋伏在它够得着猎物的地点进行偷袭，它们也懂得厮守在昆虫来往频繁的地方。

蝶、蚊是如何起舞的

有一种棕褐色蛱蝶，每个前翅上有两个斑。它们以花蜜为食，在花丛中转来转去。

有时一只雄蝶会落在地上的小土包上，看样子似乎是饱餐之后要消遣一下。其实，那是在耐心地等待雌蝶，它可能要等很久。有时实在耐不住了，便会激动而盲目地追赶身边的小甲虫、苍蝇、小鸟及其他种蝴蝶，甚至落叶，有时还无聊地追赶自己的影子。

如果有只雌蝶在一旁飞过，它会立即追上去。雌蝶也会立即落地，这是雄蝶早就等待的一种特殊信号。假如被雄蝶追赶的飞行物不往地上落，那么雄蝶追一会儿也就不再追了。

雌蝶落地之后，雄蝶便落在雌蝶身旁，合起翅膀，靠得很近。倘若雌蝶还没有发育成熟，不想做母亲，便拍打翅膀告诉雄蝶还为时尚早，雄蝶便又去寻找别的雌蝶。如果雌蝶落在那里不动，雄蝶就用优美的姿势去大献殷勤。

开始时，雄蝶站在雌蝶前面不断颤动翅膀，而后稍稍抬起翅膀，显示翅膀上带黑边的美丽的白斑，翅膀有节奏地一开一合，触觉也随着动来动去。这样表演几秒钟，有时可延续一分钟。然后雄蝶摆出一副极美的姿势，抬起两个前翅，向两旁尽量开展，在雌蝶面前低下头去，仿佛在深鞠躬。再往后是鞠躬的姿势不变，合上翅膀，温存地把雌蝶的触须夹在翅膀中间。蝴蝶亲吻了！这可不是一般的姿势。在雄蝶的翅膀上，芳香腺正好是在夹住雌蝶触须的那个地方。雄蝶拉开翅膀，转过身开始很快地跳起舞，在雌蝶周围转来转去。这种跳舞的时间是在 7 月末。

夏末和初秋时节，在宁静无风的黄昏，林间空地、花园以及河边的空中，常有一群群蚊子在盘旋飞舞。这是蚊子在"发情"。有些科学家把这些正在舞蹈的蚊子用捕虫网全部逮住，令人惊奇的是，这一群几乎都是雄蚊。这是因为，飞行时每只雄蚊的特殊腺体都散发出一种气味，几千只蚊子集聚在一起，气味也浓几千倍。蚊子上下翻腾舞来舞去，特殊的气味向四面八方散去，这种气味把各处的母蚊引来。

蚊子，大多是在黄昏风平浪静的水塘附近起舞的，以便到水面上去产卵，使卵在水中更好地发育生长。如遇上暴风骤雨，会使很多卵不能发育而死去。

昆虫才能篇

昆虫之谜

为什么说昆虫的飞行能力不可思议

    昆虫为了生存和繁衍后代，其迁移飞行能力是十分惊人的，如每年在南方越冬后孵化的黏虫，可以成群飞越大海，到 1488 千米外的北方去觅食；小地老虎能飞行 1328 ~ 1818 千米；稻纵卷叶螟能飞行 700 ~ 1300 千米；褐飞虱能飞行 200 ~ 600 千米；白背飞虱能飞行 300 多千米；蜜蜂也是健飞的昆虫，能持续飞行 10 ~ 20 千米。蜻蜓和某些天蛾、螽斯也能够持续飞行数百千米而不着陆。迁移最远的昆虫是苎麻赤蛱蝶，从北非到冰岛，有 6436 千米之遥。

    昆虫的飞行速度也是相当可观的。一般翅型狭长、转动幅度较大的种类飞行较快。昆虫的飞行速度主要取决于振翅频率。昆虫高频率的振翅，着实令人难以想象，如蜜蜂可达每秒 180 ~ 203 次，频率最高的摇蚊可达 1000 次/秒左右，就连频率较低的凤蝶也有每秒 5 ~ 9 次，是其他动物所望尘莫及的。昆虫飞行时速差别较大，

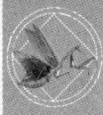

飞行较慢的家蝇，仅为 8 千米；蚊虫在缺水的地方为了产卵，也可飞几千米；蝶类和蜂类约为 20 千米左右；蜻蜓、牛虻可达 40 多千米。飞行最快的是天蛾，最高时速可达 53.6 千米。

昆虫的群飞也是它们的一大绝技，无论池塘岸边的蚊群、蜉蝣的群飞，还是令人恐惧的蜇蜂群袭来；无论是蜻蜓空中优美的群舞，还是蝗群铺天盖地的蔽日阴霾，都各有特色。例如蜻蜓的群飞往往少则三五成群，多则成千上万地群集飞翔、上下起伏、快慢有别、错落有致、你追我赶，甚至会空中翻转，十分壮观。它们能以每秒 30~50 次的振翅速度，以每小时 10~20 千米的高速飞行，有时可持续飞行数百千米。昆虫群飞个体数量最多的可能要数飞蝗了，例如非洲的沙漠蝗群飞时，飞行面积可覆盖 500~1200 公顷，个体数高达 7~20 多亿，实在令人赞叹不已。

为什么蝇眼有那么多 "特异功能"

人的眼睛是球形的，苍蝇的眼睛却是半球形的。蝇眼不能像人眼那样转动，苍蝇看东西，要靠脖子和身子灵活转动，才能把眼睛朝向物体。苍蝇的眼睛没有眼窝，没有眼皮，也没有眼球，眼睛外层的角膜是直接与头部的表面连在一起的。

从外面看上去，蝇眼表面（角膜）是光滑平整的，如果把它放在显微镜下，人们就会发现蝇眼是由许多个小六角形的结构拼成的。每个小六角形都是一只小眼睛，科学家把它们叫做小眼。在一只蝇眼里，有三千多只小眼，一双蝇眼就有六千多只小眼。这样由许多小眼构成的眼睛，叫做复眼。

蝇眼中的每只小眼都自成体系，都有由角膜和晶维组成的成像系统，有由对光敏感的视觉细胞构成的视网膜，还有通向脑的视神经。因此，每只小眼都能单独看东西。科学家曾做过实验：把蝇眼的角膜剥离下来作照相镜头，放在显微镜下照相，一下子就可以照出几百个相同的像。

世界上，长有复眼的动物可多了，差不多有 1/4 的动物是用复眼看东西的。像常见的蜻蜓、蜜蜂、萤火虫、金龟子、蚊子、蛾子等昆虫，以及虾、蟹等甲壳动物。

科学家对蝇眼发生兴趣，还由于蝇眼有许多令人惊异的功能。

如果人的头部不动，眼睛能看到的范围不会超过 180 度，身体背后的东西看不到。可是，苍蝇的眼睛能看到 350 度，差不多可以看一圈，只差脑后勺边很窄的一小点看不见。

人眼只能看到可见光，而蝇眼却能看到人眼看不见的紫外光。要看快速运动的物体，人眼就更比不上蝇眼了。一般说来，人眼要用 0.05 秒才能看清楚物体的轮廓，而蝇眼只要 0.01 秒就行了。

蝇眼还是一个天然测速仪，能随时测出自己的飞行速度，因此能够在快速飞行中追踪目标。

根据这种原理，目前人们研制出了一种测量飞机相对于地面的速度的电子仪器，叫做"飞机地速指示器"，已在飞机上试用。这

种仪器的构造，简单说来就是：在机身上安装两个互成一定角度的光电接收器（或在机头、机尾各装一个光电接收器），

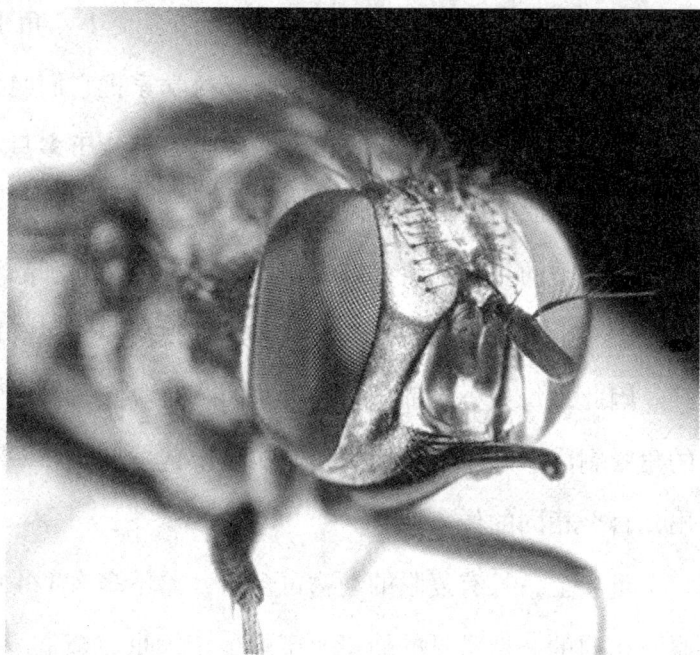

依次接收地面上同一点的光信号。根据两个接收器收到信号的时间差，并测量当时的飞行高度，经过电子计算机的计算，即可在仪表上指示出飞机相对于地面的飞行速度了。

眼睛所看到的，是通过光传导的信息。不过眼睛并没有把它所看到的全部信息都上报给大脑，而是经过挑选把少量最重要的信息传给大脑。蝇眼这种接收及处理信息的能力，比人们制造出来的任何自动控制机都要高明。

现在研究人员还模仿苍蝇的联立型复眼光学系统的结构与功能特点，用许多块具有特定性质的小透镜，将它们有规则地粘合起来，制成了"复眼透镜"，也叫"蝇眼透镜"。用它作镜头可以制成"复眼照相机"，一次就能照出千百张相同的像来。用这种照相机还可以进行邮票印刷的制版工作。

为什么说蚜茧蜂是蚜虫的天敌

人类与害虫曾作过无数较量，利用害虫的天敌来以虫治虫是最有效的方法之一。蚜茧蜂作为蚜虫的天敌，在为人类消灭世界性大害虫——蚜虫中，立下了汗马功劳。

蚜茧蜂是昆虫纲膜翅目蚜茧蜂科动物，这一科的所有种类都是蚜虫体内的寄生蜂。蚜茧蜂主要是以它的卵粒来制伏蚜虫的。每年产卵季节，雌蜂开始与雄蜂交配，但无论交配与否，雌蜂都能产卵。产卵时，雌蜂将产卵器刺向蚜虫腹部的背面，将卵产入蚜虫体内，这样蚜茧蜂的卵就在蚜虫体内寄生下来。寄生在蚜虫体内的卵在那里发育成幼虫，它刺激蚜虫，使蚜虫进食增加，体重加大，身体恶性膨胀，最后变成一个谷粒状黄褐色或红褐色僵死不动的僵蚜。还有另一种情况，有的蜂幼虫在蚜虫体内分泌昆虫激素，过量的激素影响了蚜虫的正常发育，使蚜虫异常变态，或者提前死亡，或者总也长不大，最终夭折。一个蚜茧蜂可产卵几百粒，每一粒卵都是射向蚜虫的"子弹"，而且几乎"弹无虚发"，有最高的命中率，据有人测试，高达98%。当代的农业和林业，已大量引入蚜茧蜂来治虫，蚜茧蜂已成为一支消灭蚜虫的强大生力军。

姬蜂与赤眼卵蜂属于膜翅目。它们不同之处是后者的体形要比

前者小得多。它们"为民除害"的手段都是将卵产在害虫幼虫（如蝶蛾类害虫）的体内，或产卵于害虫的虫卵中（赤眼卵蜂就是如此）。孵化出来的幼虫依靠害虫的虫体（或卵）组织所提供的养分成长起来，即用"寄生"的方式来达到消灭害虫的目的。

蚜虫能治愈植物外伤吗

　　当提到昆虫的智慧，蜜蜂和蚂蚁通常攫取了全部的荣誉。如今，人们意识到，群居的蚜虫也应该分一杯羹。研究人员报告说，他们发现蚜虫有一项最新的绝活儿，那就是通过先让植物结疤，再刺激植物组织自我修复的治愈宿主创伤的能力。

　　作为一种害虫，蚜虫最为人们所知的便是它们会在宿主植物上繁殖，并用麦秆一样的口器吸吮植物的汁液。然而蚜虫的存在还有更加戏剧性的一面。一些蚜虫会让它们的宿主植物长出一个中空的肿块，被称为虫瘿，蚜虫便在这里生活、觅食，并得到保护。有的蚜虫甚至进化出了一种没有繁殖能力的兵蚜虫，用来保卫和清洁这个真正的家。

　　2003 年，日本筑波市国立尖端工业科学与技术研究所的进化生物学家和他的研究小组注意到，一种兵蚜虫居然有一手之前从未被人发现的绝活儿——修补虫瘿。有时毛虫会在虫瘿上咬出一个大洞，导致生活在里面的蚜虫很容易受到天敌的攻击。每当此时，兵蚜虫便会迅速赶到事发现场，并往这些缺口上分泌自己的体液，最终使自己胶黏的体液凝结成一个大疤。这些无私的兵蚜虫每次都会全神贯注地"堵枪眼"，并在流尽最后一滴血后"轰然倒地"。

兵蚜虫的牺牲真的有意义吗？研究人员给出了肯定的回答。在最新的一项研究中，他的研究小组发现，在 22 个经过修补的虫瘿中，有 18 个虫瘿中的蚜虫在一个月后依然生长得很好。而在 12 个没有经过修复的虫瘿中，只有 1 个虫瘿中的蚜虫种群能够幸免于难。

然而兵蚜虫的黏合物仅仅起到了一部分的作用。研究人员说，当他们切开一个经过兵蚜

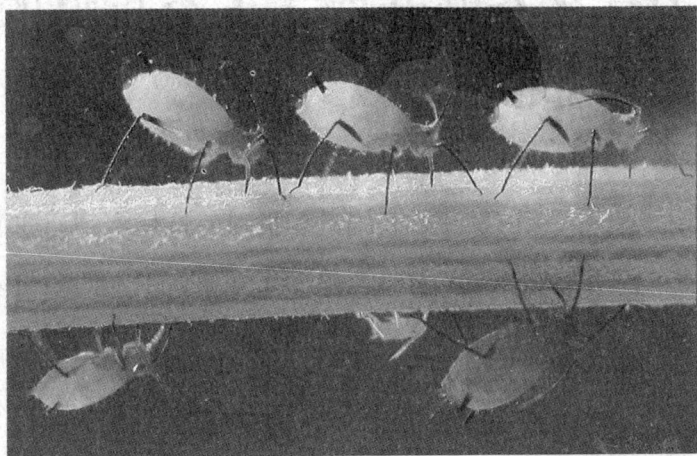

虫修补的虫瘿后，大吃一惊——这些植物自身也发生了康复过程，并且经过修复的虫瘿内壁非常平滑。通过采集不同修复阶段的虫瘿并对其着色，研究小组确认，植物在一个月内便能够使伤口愈合。这些植物显然是接受了来自兵蚜虫的伤口修复信号，因为只有那些虫瘿中有活蚜虫的组织才能够得到复原。

美国宾夕法尼亚州立大学的昆虫学家认为："蚜虫对宿主植物

的影响程度……是一个新奇的发现。"研究人员曾预言蚜虫的伤口修复系统将成为昆虫——植物生物学中的经典案例。接下来，最让人感兴趣的就是兵蚜虫到底分泌了什么物质，导致了植物的自我修复过程。研究人员希望其中包括一些新的化合物，这将对操控植物细胞和组织的培养具有重要意义。

为什么苍蝇开辟了人类抗癌的新路

苍蝇到处乱飞，污染环境，传染疾病，使人生厌。其实，经过科学家深入探讨发现，苍蝇具有很强的抗病本领。如果我们在显微镜下面去观察的话，整个苍蝇，是完全处于细菌的包围之中，在它身上生活的细菌有上亿，甚至上百亿。而苍蝇自己却能"安然无恙"。在二战中以及二战结束之后，苍蝇问题引起了许多军事科学家、生物学家、病理学家的极大兴趣。他们带着各自的目的进行研究。结果发现苍蝇的进食方法与众不同，它是一边吃，一边吐，一边又拉，真是"吃、吐、拉一条龙"。它的消化道工作效率之高，是其他任何一种动物也无法与之比拟的。当食物进入消化道后，它可以立即进行快速处理。在7~11秒钟之内，可将营养物质全部吸收，与此同时，又能将废物及病菌迅速排出体外。当病菌进入苍蝇体内，刚好准备要"繁育后代"时，却已被苍蝇迅雷不及掩耳地将它们排出体外。这样高速度、高效率，真叫人"叹为观止"，因为这在动物界可说是绝无仅有的。

但事物往往不是绝对的，也有个别的强硬对手具有快速繁育后代的能力，它们可在三五秒钟之后产卵育后。碰上这样的细菌，苍蝇体内有可能"大闹天宫"，甚至令其"命归黄泉"。在这种情况下，苍蝇只好用最后一张"王牌"。在 20 世纪 80 年代中期，意大利病理学家莱维蒙尔尼卡博士研究发现：当病菌侵入苍蝇机体，使它的生命受到威胁时，它的免疫系统就会立即发射 BF、BD 的球蛋白。这两种球蛋白，说得确切一点，可以叫做"跟踪导弹"。它们会自动射向病菌，引起爆炸，与敌人"同归于尽"。更为神奇的是，BF、BD 这两种球蛋白从免疫系统发射出来时，它们是双双对对，一前一后，自找目标，从不错乱。更叫你无法理解的是，这两种球蛋白在消灭对手时，一定以"彻底消灭干净"为最终目的。

我们人类常用的抗菌素药物，例如青霉素、庆大霉素之类，如果与 BF、BD 比较起来，那才是"老式步枪"与"现代冲锋枪"的较量，不知相差多少倍。

正因为如此，目前有许多病理学家们正在潜心研究，想把它们应用到人类的抗菌治病方面来。如果能提取 BF 和 BD 用于人类抗菌，无疑将是一大福音。

日本东京大学药理学教授名取俊二先生，在他几年的实验和研究中，竟然在家庭常见的大麻蝇体液中，成功地提取了外源性凝集素，并从这种蛋白质中分离出了核糖核酸。他用这种凝集素应用于试验，奇迹般地发现：这种外源性凝集素能有效地干扰哺乳类动物

体内的肿瘤细胞，首先是使肿瘤萎缩，随着时间的推移，竟慢慢地消失了。无疑，这为人类的抗癌治癌开辟了一条新的途径。

为什么叩头虫总是要叩头

　　叩头虫是金针虫的成虫，幼虫在地下咬食庄稼的根，成虫却在地表爬来爬去，觅食腐殖质。叩头虫有躲避危险和越过障碍的本领。当叩头虫遇到惊险时，它便仰面朝天地躺在地上，突然，猛地一缩就弹了起来，顺便在空中来个前滚翻，落到地面上时，正好脚向下停在那里，趁天敌还没有摸清是怎么回事，就逃之夭夭了。

　　叩头虫为什么能"叩头"呢？原来它的秘密在胸部，它前胸腹面有一个楔形的突起，正好插入到中胸腹面的一个槽里去，这两个东西镶嵌起来，就形成一个灵活的弹力机关，当它体内强大肌肉收缩时，使前胸准确而有力地向中胸收拢，一点也不偏地撞击着地面，借助地面的反弹力，便跳跃起来了。

如果在野外捉到叩头虫，把它捏在手里的时候，它仍然使用这个方法想翻腾跳跃，可是身子被捏住了，所以前胸和头不住地"叩"起来，如果把它靠近你的指甲或桌面，那它就会叩头叩出声音，好像在给人拜年。

你知道昆虫的冬眠与复苏吗

昆虫是一种变温动物，它们的体温和活动状态是随外界的气温变化而变化。冬季到来，昆虫们便施展各种本领，以度过寒风凛冽的冬天。

各种昆虫过冬的虫态是不相同的。蝗虫、稻飞虱等是以卵越冬的。蝗虫在产越冬卵前，先找到田埂、路边等比较坚硬的地方，然后用腹部末端的产卵器在地上打一个小洞，再把卵产在洞里。同时，蝗虫还排出胶液，把卵包严，以利越冬。

玉米螟、天牛等是以幼虫越冬的。玉米螟幼虫钻入玉米、高粱、谷子等秸秆内越冬。在树干里挖"隧道"的天牛，它的幼虫则在树干里过冬。

以成虫的方式越冬的昆虫比较多，主要是体形很小的种类。例如有些蚜虫常在土丘向阳背风坡的刺儿菜、蒲公英等菊科植物幼芽上过冬。

蚊子、苍蝇等昆虫，则是以多虫态越过冬天的。就拿蚊子来说吧，有的蚊子体内贮存丰富的脂肪，静静地趴在菜窖、室内角落、草堆、树洞等阴暗温暖的地方过冬，也有的是以孑孓和卵过冬的。

凡以成虫、幼虫越冬的昆虫，冬季一来，就贪得无厌地取食，总是把肚子吃得饱饱的，尽力在体内多贮存些营养物质，以备漫长的冬季消耗。从虫体本身看，冬季来临，也要发生一系列生理变化。如体内脂肪、糖类等营养物质积累显著提高，水分含量大大下降，呼吸缓慢，新陈代谢降低。这些生理变化都有助于减少体内消耗，不致在低温下被冻成冰，因此，虽然经过四五个月的冬天，也不会把它们冻死。

但当研究人员调查昆虫越冬死亡情况时，又往往在越冬场地发现大量昆虫尸体，这又是怎么回事呢？这并不是在严寒的冬天冻死的，而是在早春复苏时遇到突然低温或因找不到食物而死亡的。因为经过漫长的冬季，昆虫体内积累的营养物质基本被消耗掉，这时它们抵御低温的能力相当差，急待补充营养。

为什么萤火虫闪闪发光

全世界目前已知的萤科萤火虫有两千多种，分布于南极洲外的各大洲，在中国分布的有一百多种。科学家不久前在滇西北高黎贡山，采到一个短角窗萤属的新种，此外，还有一些标本初步鉴定为新种。相信随着研究的深入，还会有更多的新记录或新种发现。

萤火虫的一生要经历卵、幼虫、蛹和成虫四个阶段。其中，最主要是成虫阶段，这一阶段使萤火虫从古至今都成为故事的主角或被赞美的对象。

萤火虫的成虫长而扁平，头狭小，眼半圆球形，雄性的眼常大于雌性的，发光器官在腹部腹面，呈乳白色。大多数萤火虫种类的成虫都能发光，少数种类的萤火虫成虫发光很弱或基本不发光。萤火虫成虫一般不再取食，生命周期非常短暂，一般为 10～30 天，在飞行过程中它们会闪闪发光以吸引异性完成交配。交配后的雄虫很快死亡，雌虫随即产卵，产卵后也很快死亡。萤火虫成虫的一生虽然非常短暂，但是它们却把最美丽的闪闪萤光留给了我们。

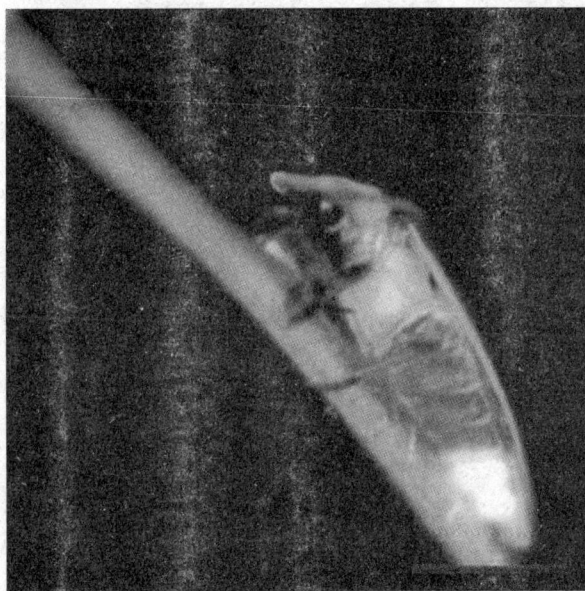

萤火虫的光有的黄绿，有的橙红，亮度也各不相同。它们发光的部分是在腹部最后两节。这两节在白天是灰白色，在黑夜才能发出光亮。光是通过透明的表皮而发出。表皮下面是一些能发光的细胞。发光细胞的下面是另一些能发射光线的细胞，其

中充满着小颗粒，称为线粒体。线粒体能把身体里所吸收的养分氧化，合成某种含有能量的物质。发光细胞还含有两种特别的成分：一种叫做荧光素，一种叫做荧光酶。荧光素和含能量的物质结合，在有氧气时，受荧光酶的催化作用，使化学能转化为光能，于是产生光亮。萤火虫常常一闪一闪地发光，是因为它能控制对发光细胞的氧气供应的缘故。

为什么蚂蚁被称为"大力士"

蚂蚁是动物界的小动物，可是它有很大的力气。如果你称一下蚂蚁的体重和它所搬运物体的重量，你就会感到十分惊讶！它所举起的重量，竟能超过它的体重差不多100倍。世界上从来没有一个人能够举起超过他本身体重3倍的重量，从这个意义上说，蚂蚁的力气比人的力气大得多了。

这个"大力士"的力量是从哪里来的呢？

看来，这似乎是一个有趣的"谜"。科学家进行了大量实验研究后，终于揭穿了这个"谜"。

原来，它脚爪里的肌肉是一个效率非常高的"原动机"，比航空发动机的效率还要高好几倍，因此能产生这么大的力量。我们知道，任何一台发动机都需要有一定的"燃料"，如汽油、柴油、煤油或其他重油。但是，供给蚂蚁"肌肉发动机"的是一种特殊的"燃料"。这种"燃料"并不燃烧，却同样能够把潜藏的能量释放出来转变为机械能。不燃烧也就没有热损失，效率自然就大大提高了。化学家们已经知道了这种"特殊燃料"的成分，它是一种十分复杂的磷的化合物。

这就是说，在蚂蚁的脚爪里，藏有几十亿台微妙的小电动机作为动力。

这个发现，激起了科学家们的一个强烈愿望——制造类似的"人造肌肉发动机"。

从发展前途来看，如果把蚂蚁脚爪那样有力而灵巧的自动设备用到技术上，那将会引起技术上的根本变革，那时电梯、起重机和其他机器的面貌将焕然一新。

现在我们用的起重机一般也是靠电动机工作的，但是做功的效率比起蚂蚁来可差远了。为什么呢？因为火力发电要靠烧煤，使水

变成蒸汽,蒸汽推动叶轮,带动发电机发电。这中间经过了将化学能变为热能,热能变成机械能,机械能变成电能这么几个过程。在这些过程中,燃烧所产生的热能,有一部分白白地跑掉了,有一部分因为要克服机械转动所产生的摩擦力而消耗掉了,所以这种发动机效率很低,只有30%~40%。而蚂蚁发动机利用肌肉里的特殊燃料直接变成电能,损耗很少,所以效率很高。

人们从蚂蚁发动机中得到启发,制造出了一种将化学能直接变成电能的燃料电池。这种电池利用燃料进行氧化—还原反应来直接发电。它没有燃烧过程,所以效率很高,达到70%~90%。

为什么跳蚤被称为昆虫世界的跳跃冠军

当你站在阴湿、肮脏的地方时,常会遭到跳蚤的突然袭击:它神不知、鬼不觉地跳到你的身上,用针状口器吮吸你的血液,使伤口发痒和肿胀;当你有所察觉,伸手去拍打的时候,它却三蹦两跳不知去向了。

这种昆虫又扁又小,而且特别善于跳跃。跳蚤在起跳时,犹如离膛的子弹,"嗖"地一下就无影无踪了。即使用现代电影摄影机,也只能拍出它跳跃时模糊的身影。昆虫学家发现,跳蚤那3对带毛的长腿，有着特殊的弹跳能力。有人曾做过一番观察和研究，跳蚤的身长只有 0.5～3 毫米，体重仅 200 毫克左右，可是往上跳的高度却可达 35 厘米，也就是说，它能跳的高度是它身长的一百多倍。更令人吃惊的是，跳蚤每 4 秒钟跳 1 次，可以连续不断地跳 78 小时，垂直起跳所用的力竟是它自身重量的 140 倍。

有位科学家做了一个有趣的实验：让一只跳蚤跳跃 5 次后再次起跳，可是不让它腿落地，而是让头部或背部落地，跳的时候还为它设置了种种障碍。结果，跳蚤仍像原来那样跳跃不止，虽然它的头部或背部撞在障碍物上"呼呼"作响，可是到头来科学家却并未发现这只跳蚤得了"脑震荡"或内脏破裂。

为什么跳蚤具有这种特殊的本领呢？原来，它的"骨骼"与众不同：骨架是由柔软无色的几丁质组成的，外面包着一层褐色的膜。此外，这种动物呈弓形，它的身体特别扁，侧面抵抗力很大，人用手指很难把它掐死。但是，尽管跳蚤有着如此特殊的骨架和体形，光靠这些还是不能够保证内脏不被震碎。

这种动物究竟还有什么特别的地方呢？纵观跳蚤的全身，它的体内没有血管，或者说整个身体就像一根血管。跳蚤的体内充满了血液，这是一种含有氨基酸、蛋白质、脂肪和无机盐的营养液，它的体内器官就浸在这种营养液中。跳蚤的心脏像一串佛珠，它以一定的节奏搏动着，把血液送往全身。血液不仅为内脏提供了养分，而且能对震动和撞击起缓冲作用。即使跳蚤的骨架撞到了什么东西，它的内脏也不会因此而损伤。跳蚤的周身分布着许多气管，因而身体各处都能得到足够的氧气。除此之外，跳蚤心脏的搏动节

奏，几乎与身体跳跃的频率无关。所以，它即使连续跳几十次，心跳也不会加快，更不会变得气喘吁吁。

在电子显微镜下，就能清楚地看到跳蚤后足的肌肉很发达。肌肉的主要成分是蛋白质，而组成动物肌肉蛋白质的种类很多，它们分管着爬行、飞行、弹跳等等不同的功能。有一种能帮助跳蚤弹跳的蛋白质，叫做肌球蛋白和肌动蛋白，它们能促使跳蚤后足的肌肉强有力地收缩，收缩的力量越强，发挥出来的力量越大，跳得就越高。

肌肉的蛋白质里，还有一位叫酶的"朋友"，它专门协助肌肉加快运动速度，促进新陈代谢。酶和肌球蛋白、肌动蛋白在跳蚤脑神经指挥下，迅速接受"命令"，使肌肉很快收缩。这种肌肉运动非常迅速，每当肌肉收缩的时候，比原来处于静止状态的时候要缩短三分之一左右，一张一弛，整个过程只要几分之一秒，所以，跳蚤蹦得又快又高，当然你就不容易捉住它了。

科学家发现，昆虫的肌肉特别发达，肌肉纤维的数目，比人类及其他脊椎动物要多得多。比如，鳞翅目昆虫的幼虫就有1000～4000条，人们把柳木蠹蛾的幼虫解剖，除了头部以外，就有1647条肌肉，而人的肌肉还不到800条。

科学家还发现，如果按照比例计算，昆虫肌肉发挥出的力量，同昆虫身体大小成反比。比如，一种小甲虫，体重只有6克，它能拉动一辆重1093克的小玩具车，等于自己体重的182倍；而一种小小的贝雅尔果虫，竟能背动比自身重900倍的物体。

跳蚤在地球上至少繁衍了4000万年了，渐新世琥珀地层中发现的蚤化石证明了这一点。跳蚤除人体蚤以外，还有猫蚤、狗蚤、兔蚤、家禽蚤、鼠蚤和蝙蝠蚤等等。

科学家从昆虫的肌肉活动中得到启示，可用各种化合物来制造出一种人造的"肌肉发动机"。比如，有一种叫胶原蛋白质的分子，很像螺旋弹簧，同肌肉纤维结构相似，当它遇到一种溴化锂的催化剂溶液的时候，就会收缩；再用水清洗时，它又恢复到原来的长度。人们把这类化合物放在预制的管道和模具中，胶原蛋白质就在里面收缩和伸长。这样，往复不已，起到了举重、牵引、垂压等机械功能作用。

为什么蚁狮那么热衷于挖陷阱

在一片宽阔的沙滩上，稀稀落落地长着各种低矮植物。蚂蚁在忙碌地奔来走去，突然掉进了圆锥形的陷阱，蚂蚁拼命想爬上来。可是沙塌下来了，不一会儿，蚂蚁被什么东西拽住了，很快消失了。原来这个圆锥形的陷阱是蚁狮建造的，蚁狮的土名很多，如沙猴、沙牛、倒退虫、倒行狗子、沙王八、缩缩、地牯牛、沙虱、睡虫等。幼虫的头部有一对强大的颚管向前突出，状如鹿角，是由上颚和下颚组成尖锐而弯曲的空心长管式口器。捕猎时颚管呈钳形刺进猎物体内，注入消化液，吸干猎物后，把它抛出陷阱。并重整理

好陷阱，等待下顿大餐。

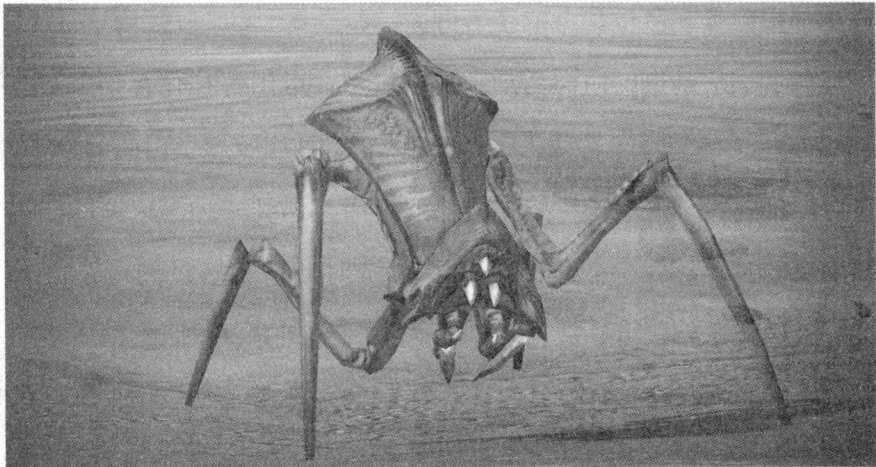

　　蚁狮在什么地方筑陷阱（位置、沙的细度等）、陷阱的角度等令人着迷。如果沙地上没有植物，那么像蚂蚁这样的昆虫会很少，蚁狮就不会有太多的机会；如果建造的角度不合适，要么斜面过陡，沙自己会塌下来而建不成陷阱，或者坡度太小，蚂蚁等小昆虫不会溜下来。

　　是否所有的蚁狮均筑穴捕食呢？不是。有些蚁狮用另一种捕食方式，它没有建筑陷阱，而是伪装成与周围环境一样的形态，等待猎物的到来。

　　有人会说它们的成虫像个小蜻蜓，但很容易从下面两点把它和蜻蜓区分开来：

　　（1）蜻蜓的触角呈刚毛状，很细小；蚁狮的触角为短棒状，顶端略为膨大。

　　（2）蜻蜓休息时两对翅向身体两侧水平伸展；蚁狮的翅则折向后方，像尾脊样覆盖身体。

此外，蜻蜓为白天活动，蚁狮多为夜间活动。

在我国的不少地方，均有不少蚁狮存在。蚁狮有很高的药用价值，可治疗高血压、泌尿系结石、胆结石、骨髓炎等。我们应该保护它们的生活环境，并进行合理地利用，不要过度采集。

为什么夜蛾促成了反雷达装置的发明

在亿万年的动物演化过程中，许多动物都形成了一套进攻和防御的手段，以便能在复杂的生态环境中生存。夜晚围绕灯火飞舞的夜蛾，就有一套装备精良的"反雷达"装置，可以帮助它逃避蝙蝠的捕捉。

夜蛾是鳞翅目夜蛾科昆虫的通称，它的种类极多，约两万种以上，都是危害性极大的害虫。夜蛾和幼虫吞食农作物、果树、木材等等，其中粘虫分布最广，食性混杂，危害最大。螟蛾、斜纹夜蛾、大小地老虎、棉铃虫、金钢钻等均属于夜蛾类，是农业上的敌害。

夜蛾类昆虫的体内有个特殊的结构，位于胸部与腹部之间的凹陷处，是十分灵敏的听觉器官，称为鼓膜器。鼓膜器的表面有一层极薄的表膜，它与内侧的感觉器相连。同时在内部还有许多空腔，可使传来的振动加强。感觉器内的两个听觉细胞，可使传入的振动

变为电信号，再传入中枢神经并进入大脑。

科学家们做了这样一个实验，把夜蛾固定在扬声器前，然后用扬声器播放模拟蝙蝠发出觅食搜索的超声波，夜蛾顿时显得惊恐万状，丑态百出。如果不将夜蛾固定，它们立即逃得无影无踪了。科学家们又把鼓膜器的神经剥出，把它与示波器相连，当扬声器发出超声时，示波器上出现了神经发出的电脉冲。若将鼓膜破坏，示波器上则毫无变化。这个实验证明鼓膜器是夜蛾专门用来截听蝙蝠超声"雷达"波的耳朵，故称为"反雷达"装置。

还有些夜蛾具有其他反蝙蝠超声探测的装置，这些夜蛾的足部发出一连串的"咔嚓"声音，干扰蝙蝠超声雷达，使它们无法确定夜蛾的准确位置。有的夜蛾更为奇特，它们全身披满吸收超声的绒毛，好似一件"隐蔽服"，使蝙蝠发出的超声波得不到足够的回声，从而逃过蝙蝠的捕捉。可见夜蛾的"反雷达"系统相当先进，在自然界中，蝙蝠要捕获一只夜蛾是不太容易的。

科学家们根据夜蛾的反超声定位器的原理，研制出一些特殊的装置。首先在农业上利用蝙蝠超声发音器，将模拟蝙蝠发出的声音播放到农田中，驱赶夜蛾类农业害虫，效果极好。另外在军事上用途更大，科学家模仿夜蛾的反雷达装置，在军用飞机和舰船上安装雷达监测器和干扰系统，可以随时发现敌方雷达发出的电波及准确的频率，然后放出巨大能量的干扰电波，使对方雷达系统产生混乱，无法发现己方的准确位置。在现代化的战斗机上都有一层吸附雷达电波的涂层，使自己不容易被敌方雷达所发现，就是运用的这个道理。

蚂蚁都有哪些 "特殊才能"

多情的蚂蚁：生活在非洲沙漠中的沙蚁是一种生性好斗的蚂蚁，奇怪的是，这种沙蚁和人类一样，会为战死沙场的 "将士" 送葬，它们排成长长的 "送葬" 队伍，送往它们固定的墓地，用沙子掩埋尸体，并时常带上几棵有根的小草栽在墓前，以作纪念。

凶猛的蚂蚁：在非洲北部的丛林里，生活着一种比狮子还要凶猛的蚂蚁。这种蚂蚁比一般蚂蚁要大几十倍，身上长着黑绒绒的长毛，全身纯黑，上颚像一对尖锐的钳子，有锯一样的齿，它能一下把动物的血咬出来。这种蚂蚁喜欢 "吃荤"，不管是蚯蚓、老鼠，还是毒蛇、小鹿，就连老虎和大象，也是它 "吃荤" 的对象。这种蚂蚁一是凶猛好斗，二是数量之巨。据说有一位探险家观察一支这种黑蚂蚁前进的队伍，直到第16天他的干粮吃完了，还没有看到这 "部队" 的尽头。

会放牧的蚂蚁：在墨西哥的南部森林里，生活着一种会 "放牧" 的蚂蚁，它的 "畜牧" 品种是一种罕见的蝶形幼虫。这种幼虫能分泌出一种物质，是蚂蚁的主要食物，每当夜幕降临，蚂蚁们就赶着蝶形幼虫来到植物的叶端 "放牧"，一旦晨幕拉开，它们又将幼虫赶回洞穴内，派上几位蚂蚁把守。

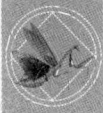

会种植的蚂蚁：在美洲的灌木林中，有一种会种庄稼的蚂蚁，非常有趣。这种蚂蚁专门在树的裂缝中装满泥土，然后衔来它们作主食的作物种子播种在土里，这些作物不需要管理，到了收获季节，它们就会全体出动，收获丰硕的劳动果实，运回自己的巢穴内。

侵略成性的蚂蚁：蚂蚁中不仅有凶如猛兽的种类，而且还有好战的侵略分子。在南美洲的亚马孙河流域生活着一种专侵略别的蚁种的好斗蚂蚁。这种蚂蚁几乎每天都攻击附近其他蚁种，并把战败一方的幼蚁抢回来做它们的"奴隶"，强迫它们筑巢觅食。

为什么苍蝇能够漫步于玻璃和天花板上

人在冰面上走路，常常要摔跤。而苍蝇落在垂直的玻璃面上，不但不会滑落下来，而且能自由地在垂直的玻璃上爬行，这是什么道理呢？

原来，苍蝇有适合于在垂直玻璃上行走的特征。它的6只脚上，各有一个"爪"，在爪的基部还有一个被一排茸毛遮住的爪垫盘。当苍蝇在玻璃片上走动时，脚部茸毛尖处便分泌出一种液体，经分析，这种分泌物是由中性脂质物构成的，具有一定的黏附力。

此外，蝇类的爪垫盘是一个袋状结构，内部充血，下面凹陷，其作用犹如一个真空杯，便于吸附在光滑的表面上或倒悬其上。

为了确定脂质分泌物的作用大小，科学家让苍蝇在浸有乙烷过滤液的玻璃片上行走，同时测定其黏附力，结果仅为有脂质分泌时的十分之一。这说明，在玻璃与茸毛间，该脂质的表面张力发挥了黏附剂的作用。

苍蝇接触玻璃表面的茸毛，与使用几只脚站立有关。因此，苍蝇在玻璃上的黏附力与站立脚只数成正比关系，即接触玻璃面的脚愈多，其黏附力愈强。

虫能附在天花板上而不会掉下来，亦是因为这些纤毛的原故。不要小看这些纤毛，它们能令昆虫脚上的表面张力大增，就好像我们穿上有吸盘的鞋子一样，所以能附在天花板上。

另外，地心吸力的大小是和身体的重量成正比的，即重量越大，吸引力就越大。由于昆虫的体重很轻，地心吸力相对也小，再配合它们身体独有的构造，所以能附在天花板上。

为什么蟑螂会成为未来的昆虫"侦察兵"

将来蟑螂能帮助人类发现隐秘环境中的致病微生物、有毒化学污染物。

在你踩死一只蟑螂之前可曾想过：它可能就是抗击"天花"、"霍乱"或其他反恐战役中的一个"侦察兵"。至少，美国桑迪亚国家实验室的材料科学家杰夫·布尔克尔就是这样想的。布尔克尔及其研究小组设计了一个方案，能让这种令人讨厌的昆虫改邪归正，成为在隐蔽环境中探测生物或化学物质的"侦察兵"。

这个主意其实并不那么古怪。美国国防部正在研究如何利用臭虫大小的机器人乃至活的黄蜂来完成类似的任务。在热衷于"蟑螂计划"3年前，布尔克尔已经申请了一个国防部的基金项目，该研究的目的是利用蜜蜂的嗅觉去探测爆炸物。接下来该轮到蟑螂上场了。"它们的生命力极其顽强。"布尔克尔说，"此外它们适合探察隐蔽和裂缝处。"但是如何实现他们的计划呢？布尔克尔认为，关键在于把遗传修饰的、遇到某种有害物质能发光的酵母细胞粘贴到蟑螂的身上，这样它就能探测隐蔽环境中的有害物了。

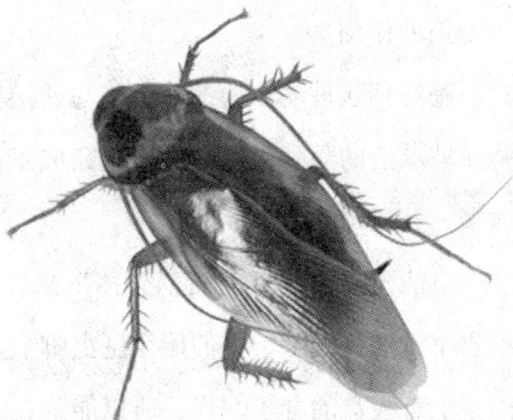

布尔克尔的同事、生物化学家苏珊·布洛契克说，作为生物传感器的活细胞与机械传感器相比，它有许多潜在的优点：个小、价廉，对周围环境非常敏感。

但是活细胞一般在体外难以存活，为了解决这一问题，桑迪亚的研究小组给细胞表面包上了一层溶胶——凝胶复合物。这种液体材料是由布尔克尔发明的，它的主要成分是二氧化硅。这个液体涂层固化后，能变成只有几纳米厚、多孔的硬壳，壳上的微孔储存的营养物质能维持细胞的存活，并能让细胞与外界环境进行气体交换。

迄今为止，研究小组已经构建了能检测出霍乱弧菌的酵母菌。其细胞中转入了能发出绿色荧光、有水母蛋白基因标记的霍乱敏感基因，一旦环境中存在霍乱弧菌，酵母菌就能发光。目前，他们正从事炭疽热的研究工作，并希望最终能靠该技术发现其他有毒物质。

桑迪亚并不是开发用细胞作为传感器的唯一的实验室。这些年，麻省理工学院的科学家已经能通过观察遗传修饰的小鼠细胞发光，来检测天花病毒和炭疽杆菌。美国韦恩州立大学的分子生物学家克雷格·吉罗克斯，正在研究将做面包时发酵用的酵母菌改造后，用来检测污染物和工业废物。

尽管布尔克尔还未真正装备一只蟑螂"侦察兵"，但他说那非常容易。科学家们改造了喷墨打印机，使它能喷出溶胶——凝胶复合物包裹的细胞到硅、玻璃或塑料表面。如果在蟑螂的背部粘贴上酵母芯片，它就可以作为特工来执行任务了。

你知道昆虫界的"科学家"都有谁吗

　　不起眼的小昆虫身上，却蕴藏着无限的科学道理，来看看这些天生的"科学家"吧！

　　蜻蜓——飞机。第一架飞机诞生的时候，人们发现它在空中飞行的过程中，经常会出现翻转的现象。原来是因为飞机的机翼在飞行中出现了有害的振动。飞翔的蜻蜓使科学家眼前一亮。蜻蜓透明翅的前端有一块小黑痣，叫做翅痣。它能够保证蜻蜓在飞行中的平稳。于是科学家模仿蜻蜓的翅痣在机翼前端处加厚重量，终于克服了颤振，使人们可以安稳地坐在飞机中飞翔在蓝天上。

　　苍蝇可以说是臭名远扬了。它的"鼻子"能够搜集飘浮在空中的各种气味，甚至能够闻到 40 公里以外食物的气味。科学家们根据苍蝇的嗅觉系统，研制出了电子鼻和气体分析仪。电子鼻可以用在战场上预测敌方是否释放毒气，还可以在地震后的废墟中寻找受难者。而气体分析仪在潜艇、飞机、航天飞机内，用来测定气体的成分和含量。比如，测试机舱内二氧化碳的含量，以保证机组人员安全。

　　人造丝的发明家——蜘蛛。它虽不是昆虫，可是算得上是位小有名气的"科学家"呢！蛛丝的强度和出色的弹性，使其成为世界上最好的防弹衣的原料。可是蛛丝的来源极为有限，加拿大的科学家们经过研究，将山羊乳液与蛛丝蛋白联系起来，成功地模仿了蜘蛛吐丝的最新技术。研制出的这种新人造丝，既可以制成盛装洗发液的高强度塑料，也可以用于编制海洋捕鱼的拖网。

建筑家——蜜蜂。蜜蜂的家——蜂巢，可以称得上是世界上最讲究的建筑物了。它们的家冬暖夏凉，而且每间屋子的大小都是一样的！仔细看看，这些房子是由许多六角形的柱状体按照严格的顺序构筑的。六角形在建筑学上是一种最经济的形状，具有最小的面积和最大容量的特点。所以建房子用的材料也是最少的，它使人们在建造房子时受益匪浅。

生活中的昆虫"科学家"还有很多，比如蝴蝶翅膀的散热功能帮助人们研制电脑芯片的散热装置；气步甲放臭屁，为人类解决过氧化氢的保存提供了帮助；"跳远冠军"跳蚤，轻轻一越就能达到身长的 100 倍……千奇百怪的大自然中，这些昆虫"科学家"能给你什么启示吗？

昆虫爱情篇

昆虫之谜

昆虫怎样发出求爱信号的

差不多全部昆虫都能表现出求爱行为及两性间的通信。

雌蜚蠊的气味可以引起异性摩擦翅膀，作出沙沙的响声。某些种类的雄蜚蠊能抬起翅膀，把翅下的腺体分泌物供给雌性食用。这种分泌物对雌性颇有吸引力，而且进一步让雌性靠味觉进行辨认。当雌性进食液体分泌物时，雄性即与其完成交配。

雄蝴蝶对雌性进行求爱活动或让它进行种类识别时，会闪晃着它鲜艳的翅膀。某些种雌蝴蝶在准备接受雄性时，抬高它的腹部以使雄性生殖器能与其交媾。但另一些种的蝴蝶，它们抬高腹部的动作却是拒绝接受或表明已交配过了的信号，这时雄者即停止求爱活动。一般说来，翅膀的颜色、图案及运动，刺激了雌性对运动敏感的眼睛。

关于昆虫生殖活动中通信信号问题，研究成果最多的是蟋蟀和蚱蜢。雄蟋蟀或蚱蜢以其经常的或特别的鸣叫召唤雌性前来交配。

当雌性到来时，雄性转唱求爱情歌。通常鸣叫声随种类不同而有差异，求爱情歌也是这样。因此它们具有双重安全保障，使不致跟异种错配。

雄性发出求爱鸣唱使雌性辨认完毕之后，就被允许去交配。在这时，许多种雄性蚱蜢做跨骑动作时，发出跨骑鸣唱；交配时，又唱交配鸣唱。多数蚱蜢在交配结束时，也发出特殊的声响。在交配以前、交配过程以及交配以后的鸣唱中，有些种类的雌性也参加鸣唱。这一系列复杂的通信系统，使得这些小生物的生活史得以完成。

德国科学家曾在欧洲中部花了数年时间研究蚱蜢，并且用自己的耳朵对这些鸣唱信号进行分类。对近 60 种蚱蜢所区分出的 400 多种声音信号的研究表明，这些信号的大多数都是用来进行求爱和交配的。有一种蚱蜢，雄性所产生的鸣唱竟达 14 种不同的形式。

除了听觉之外，其他的感觉器官在生殖活动中，也可能有辅助作用。甚至某些具有发展完善声音系统的昆虫也是如此。因此，某些种类的雄蚱蜢，刚看见正在向它接近的雌性时，并不发出求爱鸣唱，而是以特征性的节奏振动它们座下的植物枝叶。雌性也参加这种动作。有许多种蚱蜢它们利用嗅觉作交配前的最终鉴定。螽斯有两根长须，看来它们嗅觉像是参与了种的辨认。雄性树蟋蟀像蜚蠊一样，它的背上有个腺体，能分泌出一种液体给雌性吃，当雌性忙于进食腺体分泌物时，雄的即与其交配。一种能做噼啪响声的蚱蜢，它们既用视觉也用听觉信号。雄性飞离地面，向着地面扑拍着它们的鲜红或亮黄的翅膀，发出噼啪的嘈杂声向雌性求爱。

昆虫是怎么婚配的

昆虫进入成虫期，主要的任务就是择偶、交配、产卵、繁衍后代。有些昆虫到达成虫期取食器官已经退化，不再取食，而雌、雄虫的生殖功能则完全成熟，待交配产卵后便随之死亡。也有些昆虫，成虫羽化后还要大量取食才能完成繁殖后代的任务，这些种类往往寿命较长。昆虫的种类不同，完成婚配的方式也不相同。通常有以下几种：一、雄虫成群地飞舞吸引雌虫前来交配，例如蚊子等；二、雄虫的鸣声吸引雌虫，例如蝉、螽斯、蝗虫等；三、雌虫的发光器吸引雄虫，例如萤火虫等；四、雌虫能放出性外激素，以气味来吸引雄虫，例如家蚕蛾等。某些蛾类只要雌虫分泌数量极其微小的性外激素，大约十亿分之一克左右，几千米外的雄虫便闻香而来。

昆虫的交配也是很有趣的现象。摇蚊以及许多种吸血蚊虫在交配时，有群飞的现象，即大量雄虫在空中成群飞舞，雌虫一经碰入舞圈中，即被雄虫抓住交配。

属于鳞翅目昆虫的家蚕，虽然幼虫十分能吃，但成虫从丝茧中羽化出来后，就不再吃东西了。此时的成虫精子和卵子完全成熟，雌虫的腹部末端能释放出性外激素，雄虫凭着气味便能找到伴侣进

行婚配。它们的交配成一字形，雄虫和雌虫的腹部末端相接，头向各异。交配与产卵完成之后，成虫便相继死去。

　　属于直翅目的蝗虫的繁殖方式与家蚕不同，它们经过最后一次蜕皮羽化为成虫，此时的成虫生殖功能尚未成熟，还要靠大量取食进一步发育。成虫性成熟后，活动力增强，常飞集一处寻找伴侣，故此时往往会发生成虫点片集中的现象，有时还会形成大群体迁飞。雄虫的性成熟通常比雌虫早几天，身体较小但活动力很强。雄虫靠摩擦发声招来雌虫，然后爬到雌虫背上进行交配，雌虫一生可进行多次婚配。

　　蜻蜓的婚配也很有特色，成双成对地在空中飞行中进行。雄虫的交配器官不在腹部末端，而在第二腹节的腹面。交配时，雄虫用抱握器挟住雌虫的胸部，雌虫则将腹部向前弯曲使生殖孔与雄虫第二腹节的生殖器接合。

　　螳螂的婚配往往带有"悲剧"的色彩。它们属于肉食性昆虫，在交配中常有特殊取食的行为。当交配活动进入高潮时，雌虫常会突然将雄虫的头部当做食物咬掉。这种"悲剧"的发生，其实有利于雄虫增强性活力，以保证完成授精，繁殖后代。因为去掉了雄虫的头部，客观上也就解除了雄虫的脑对交配中心的抑制作用，从而使性活力增强。

为什么萤火虫的求爱信号那么特别

萤火虫发出的光是交配季节雌雄之间的联络信号。但不同种类的萤火虫，如果仅仅是凭"光"求偶的话，就难免会搞错对象，造成混乱。为此，萤火虫就演绎出一种复杂的信号系统。雄虫在夜色里首先发出有节奏的闪光信号，传递求偶信息；在林间栖息的雌虫便随后发出应答信号。应答与呼叫之间有着格式固定、结构严密的间隔。根据不同的闪光方式以及间隔上的差异，雄虫就能将同类的雌虫与其他类别的雌虫区别开来。一旦雌虫出现应答错误，回答或迟或早，都会使追恋者付出极大的代价。通常雄性萤火虫求爱的时候，会以一种特异性闪光模式来向雌性萤火虫发出信号，这种闪光模式的发光强弱不一样。当雌性萤火虫感应到雄性萤火虫的示爱后，会回以一种特异性的光信号，然后以光信号来决定是否接受雄性萤火虫的求爱。也有一些种类中，雌性萤火虫会主动向异性发出示爱信号，而雄性萤火虫则对此作出应答。无论雄性主动还是雌性

主动，当它们的"婚事"谈定之后，便会入"洞房"，进而完成交配。交配后的雄性萤火虫会在几天内死去，雌性萤火虫则是在产卵后几天内死去。

东南亚的萤火虫在求偶时却表现出一种绅士风度，它们并不急于求成，而是悠闲自在地待在林地里向黑暗中发出光亮。所有雄虫不论种群数量多少，都同步发出有节奏的闪光信号。而雌虫则倾心关注。仔细寻找自己的意中"虫"。经过严格审查，雌虫都会如愿以偿。

为什么雌雄松针黄毒蛾被称为不相配的"夫妻"

松针黄毒蛾学名舞毒蛾，又称吉卜赛蛾。雌雄两性差异极大，以至于人们往往会把它们误认为是两种不同的蛾类昆虫。雄蛾与雌蛾相比显得很渺小，完全没有"男子汉"的形体气派。雄蛾体褐棕色，前翅浅黄色，布褐棕色鳞，后翅黄棕色。雌蛾的身材高大而壮实，体色浅淡，前翅与后翅都接近黄白色，显得高贵而雅致。正是由于外形、体色上所形成的强烈反差，使它们成了一对不相配的"夫妻"。

松针黄毒蛾在秋季产卵。雌蛾在树干的基部产下卵之后，即用自身腹部的细毛将产下的卵掩盖得严严实实，看上去就好像是树干上的一块浅棕色斑纹。冬去春来，当幼虫孵化出来后就会向树冠挺进，去饱餐嫩绿的树叶。对于绿色森林，松针黄毒蛾可不像它们的外表那样洁白无瑕，更不存在半点高雅。它们穷凶极恶地蚕食树叶，好端端的白桦林、亭亭玉立的杨树，会被它们洗劫得只剩光秃秃的叶柄和叶脉。因此，它们是不折不扣的森林害虫。

消灭松针黄毒蛾的有效方法是，用煤油和沥青的混合液涂抹在它们产下的卵上，将害虫扼杀在摇篮里。将捕食害虫的鸟类引进到毒蛾肆虐的林子里，这也是一种生物防治害虫的有效方法。

松针黄毒蛾的幼虫打小就浑身长满长长的毛，就如蒲公英的种子那样，随风飘落。因此，它们对森林的危害又具有随风转移的特点，有时，甚至会蔓延到很远的林区和果园，其流毒甚广。美国原来并没有松针黄毒蛾，出于用家蚕与毒蛾杂交试验的需要，从欧洲引进了这种害虫。试验中一不留神就让风这种媒介把毒蛾扩散到了实验室的窗外，虽经严密搜寻但还是有漏网分子逃之夭夭。20年后，美国的森林遭到了毒蛾的危害。

蝴蝶是如何觅偶的

在古典名著《西厢记》里，文学大师王实甫在描写崔莺莺春思之情时，用十分细腻的笔调写道："……恨黄莺儿成对，怨粉蝶儿

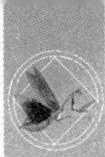

成双。"

秋季，天高气爽，景色宜人，雄蝶飞舞在森林空地之中，等待雌蝶的到来。只要是橙黄色，或者带有黄色的运动体（例如飘落中的树叶等），它都要去追逐一番，当发现对方不是同类时，才停止这盲目的追赶。如果发现是雌蝶，它就会以特有的方式，强迫雌蝶落地，直到达到交配目的为止。

蝴蝶在寻找对象过程中，大多数场合总是雄性比较主动。拿菜白蝶来说，在卷心菜地里，那些刚由蛹羽化出来的处女蝶，停息在菜叶上，合拢着翅膀，作出静候姿态。于是雄蝶很快地飞到雌蝶旁边，弯曲着腹部尖端进行交尾。如果一只雄蝶用着同样姿态停息在那里，别的雄蝶是不会去作交配尝试的。那么它们是怎么识别各自性别的呢？

有人做了这样的试验：将已经死了的雌蝶标本，用别针钉在卷心菜上，发现雄蝶同样飞过来，试图进行交配。是不是雌蝶的气味在起引诱作用呢？于是人们又做了密封试验：把活的雌蝶用透明玻璃盖起来，四周加以密封，使任何气味都不能漏溢出来，发现雄蝶仍然受到招引。可见尽管没有气味、没有动作，雄蝶还是能够识别雌蝶的。现在人们发现"恋爱"期间的蝴蝶是借助于光信号来"约会"的。据日本横滨大学昆虫学家介绍，无论雄蝴蝶还是雌蝴蝶的性器官区域都有一个非常敏感的"光感受器"，以发射和接受"赴约"的信号。最有意思的是，并不是所有的雌蝴蝶都会对雄蝴蝶的光信号"召唤"作出响应。一旦这些光信号遭到"隔离"，就意味着"谈情说爱"的中断。进一步仔细的研究表明，大约有

30%的雌蝴蝶爱发这种"脾气"。碰到这种情况，雄蝴蝶"一气之下"再也不会发出第二次信号，在遭到身边"女友"拒绝后，雄蝴蝶又马上寻求新的"恋爱对象"。

后来查明，原来菜白蝶就像别的昆虫一样，能够看到紫外线。在雌雄个体之间，用人类肉眼看去，十分相似，可是两者对于紫外线的反射却截然有异：雌蝶的翅膀比起雄蝶来，能反射更多的紫外线。所以雄蝶可以非常容易地辨认出，哪一位才是可以与之匹配的"情侣"。顺便提一下，有人还曾做过这样的试验：把白纸剪成假粉蝶，涂上一定颜料后，使它对紫外线的反射和真的雌粉蝶相似，结果居然招引来许多雄蝶。这就生动地证明，菜白蝶的确是凭着它的特殊视觉来寻觅异性的。

　　但是在蝴蝶世界里，这个例子却并不是普遍适用。例如，对于凤蝶来说，情况就不同了。有人试验：如果用雄凤蝶或者死了的雌凤蝶标本进行引诱，那么雄蝶将会不加区别地接近它，并用前足轻轻地进行接触，如果摸到对方是活着的雌蝶，会立即弯曲腹部尖端，试图与之交尾。如果发现是雄蝶或者死雌蝶，那么在前足轻轻

一碰之后，将立即远走高飞，另找新欢。总之，凤蝶在接触蝶身之前，并不能识别雌雄，这是它和菜白蝶不同之处。

蝼蛄为什么要鸣唱

蝼蛄俗名叫喇喇蛄，是一种在土里钻来钻去的地下害虫。在土质疏松的地区，活动猖獗。它钻行于地表之下，咬食农作物根部，使农作物根系受损，不能很好地吸收水分和养分，造成作物死亡。

蝼蛄主要在夜间出来活动，时常可听到一片咕咕的鸣叫声，这是雄蝼蛄在鸣唱。蝼蛄的鸣叫是用翅膀互相摩擦产生，而且只有雄蝼蛄的翅膀才能摩擦出这种声音。雄蝼蛄的鸣叫是它们在繁殖期为了吸引雌性蝼蛄而发出的，雌蝼蛄听到这支"情歌"后，就会慢慢地爬过去进行交配，繁殖后代。原来这是蝼蛄为了繁衍后代的一种本能。

因为蝼蛄是一种害虫，危害农作物，昆虫学家就利用蝼蛄这种特点，发明了一种"声诱灭蛄法"，达到消灭蝼蛄的目的。

但是，雄蝼蛄的鸣唱声有地域性，即不同地域的蝼蛄声音有差别，而雌性蝼蛄只被本地域的雄性声音所吸引，因此，用这种"声诱灭蛄法"要在本地域录制。

性感的雌性果蝇为何被迫多次交配

　　一项新的研究发现了多产的雌性果蝇的难以启齿的真相：爱上它的雄性太多了。它本只要一点点精液让卵受精，然而雄性不断地骚扰，使它疲于应付，结果导致产下比正常数量少的卵。研究人员认为，这对整个种族的进化是有害的。

　　在寻找配偶时，雌性动物向来是精挑细选。但在果蝇的世界里，顺序颠倒了，是雄性挑选雌性。雄性更青睐生育力强、体型较大的雌性，它们会围绕着它跳舞，不停尝试与其交配，原因可能是此类雌性能产下更多卵。加州大学分校的进化生物学家和同事，观察了雄性的这种嗜好对雌性的影响。他们在雄性中间放置大小不一的雌性果蝇，结果雄性都蜂拥到体型最大的雌性身旁。它们追逐求爱，不停骚扰，最性感的雌果蝇只能屈服，它与雄性交配的次数远远超过了需求。由此看来，雌果蝇交配是被雄性的热情求爱搞得疲惫不堪。研究人员发

现，大的雌果蝇产下的卵减少了，它们的后代因此也减少了。这项研究提供证据证明，对一个种族而言，进化并不总是朝着有利的方向发展。

蜻蜓求爱、交配、产卵为何能一气呵成

蜻蜓的心形连结，是春季昆虫世界的浪漫演出。看蜻蜓从水虿羽化、求爱到产卵，奇妙又有趣。

温暖的春末，催促蜻蜓从水虿变成虫，接着求偶、交配、产卵一气呵成。蜻蜓与蛾、蝶等其他昆虫很不一样，羽化后身体还要2~14天的成熟期，才能享受鱼水之欢。

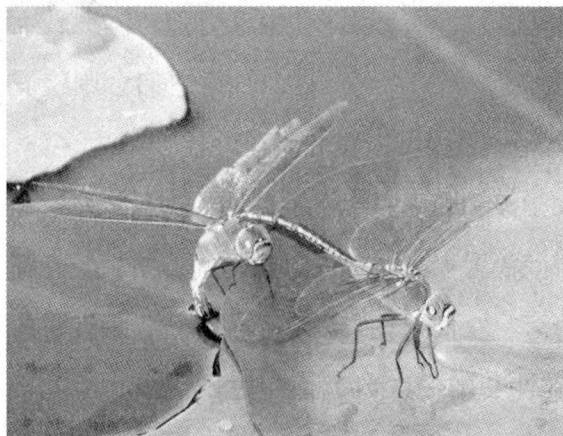

不过，还是有例外，朝云细蟌雄虫像猴急的青少年，一见刚羽化但尚未成熟的雌虫，仍强着硬上。

稚嫩的雌虫只得怀着满腹精子飞上高空，乘着气流飘往适合怀孕生子之处，再独自默默产卵、繁衍下一代。

最懂调情的首推珈蟌科的蜻蜓。因为它们的雄虫还会跳求偶舞取悦女方。公虫施展的十八般武艺，包括收前翅，只用后翅绕着雌虫飞，趴在植物上，将艳丽的翅膀摊平、展示末端性征器官的色泽，躺在水面顺流而下，再飞起等。

要是雌虫欣赏这番卖力演出，就会停留原处耐心欣赏，雄虫这时才会靠近，邀请共进洞房。

蜻蜓之间的约会时间很短暂。雌性蜻蜓产卵后，对其曾狂恋一时的雄性求婚者很快便失去了兴趣。但在两只蜻蜓交配后一小段时间内，雄蜻蜓却留在雌蜻蜓周围不走。美国动物学家约翰·阿尔科克分析认为，雄蜻蜓这样做可能是出于嫉妒，以防其他雄蜻蜓向其求爱，因为与雌蜻蜓进行交配的最后一只雄蜻蜓才最有可能使其蜻蜓卵受精。

为证实这一观点，阿尔科克用推迟雌蜻蜓产卵的方法使雄蜻蜓的守候时间延长。他让雌蜻蜓选好一产卵地，在它开始产卵前用一块石头盖住。不出所料，雄蜻蜓一直守卫在雌蜻蜓身边。

为什么说蟑螂的求爱方式很特别

对于蟑螂来说，相互向对方身上喷尿不仅仅是兴奋的问题，而且有助于授精。

蟑螂的名头很响亮，是世界上最皮实的动物，据说即使发生核战争它们也能够存活下来。与它们的形象一样，蟑螂的求爱方式也很特别。你能够想象到有什么昆虫没有头还能活 9 天吗？蟑螂就能。

蟑螂的求爱是从使用信息素开始的。信息素是一种荷尔蒙信息，不仅昆虫使用，大部分的动物包括人类也使用这种物质作为相互传递信息的一种方式。说起来令人不可思议，蟑螂可以保持交配姿势好几天。雄性蟑螂的信息素诱使雌性蟑螂到达一个交配前的位置，然后用一种化学物质控制她的活动，使她一动不动地趴在那里。不过，在交配过程中，雌性蟑螂却扮演主动的角色，在信息素的刺激下，她开始摩擦甚至吃掉雄性蟑螂的背腺。

在交配接近尾声时，雌性蟑螂不仅从雄性那里获得了精囊，还从雄性的尿液中获得了尿酸，这种物质可以有效地使精液固化，以便使精囊保持在应在的位置。尿酸中的氮进入其特别的卵鞘，给未出生的小蟑螂提供营养。

蚁界传播爱情的原则是什么

在昆虫世界里，并不是所有的交配都那么奇特。不过，有些昆虫的交配绝对恶毒，令人触目惊心，澳大利亚最声名狼藉的凶猛的入侵者火蚁就是它们中的代表。

火蚁保持着多个王后的制度，在一个蚁巢里同时生活着好几个蚁后。在蚁巢里，这么多蚁后携带特别的基因，这种基因既是灾难也是祝福，一方面会让蚁后生育能力更强，另一方面，会向蚁巢发出一种化学信号导致它们自己被处死。蚁后有被工蚁处死的危险，蚁后携带的基因引发一种信息素，在一定的环境条件下，这种信息素会被释放出来，这相当于一道处死令。接到这种信息后，工蚁就会在巢穴周围急急忙忙地跑来跑去，它们用触角相互传达信息，就像地下革命运动一样，它们传递的信息是：蚁后必死！在执行完死刑后，那只不幸的蚁后就只剩下腿了。

在单一蚁后的巢穴里，比如在郊外厨房里发现的那种黑肉蚁，蚁后有一种非凡的方法保证自己在性方面的统治地位。这只蚁后分泌出一种物质，这种物质可以从整个身体上向外渗出，它所有的女儿以及建造蚁巢的工蚁都无法阻挡这种物质的诱惑，纷纷舔食蚁后身体上的这种物质。

可是，蚁后分泌出的这种物质对它的女儿们有一种毒性，不是杀死它们，而是让它们失去生育能力。当蚁后死去时，它的女儿们会产下未授精的卵，这些卵子会变成雄蚁。不过在众多的女儿中有一个会接替她的地位成为新的蚁后，与短命的雄蚁交配，然后产下它自己的女儿，成为工蚁，维持整个帝国的转动，蚁群就这么一代一代传下来。

尽管工蚁们非常乐意传承自己的基因，但奇怪的是，蚂蚁们的基因中 50% 与母亲的基因物质相同，而姐妹们的基因则有 70% 相

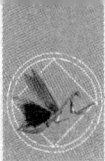

同。从基因学上说，这种现象让工蚁们悉心照顾它们的姐妹工蚁，而不是全力生育自己的女儿。

黄蜂竟然会被兰花所欺骗

澳大利亚有一种名叫"Neozeleboria cryptoides"的黄蜂，繁殖是一段存有太多不确定因素的经历，这因为当地一种机灵的兰花。

Chiloglottis 兰花的雌性花将自己"装扮"成一只楚楚动人的雌黄蜂，这种兰花发出的香味跟雌黄蜂发出的香味一样，常常让雄黄蜂误认为它是雌黄蜂。令人叫绝的是，无论是外形上还是在信息素方面，这种兰花都能非常准确地模仿雌黄蜂。

其实雌黄蜂是一种不能飞的无翼蜂，只能靠信息素来吸引会飞的雄黄蜂，而雌兰花能够模仿它们，这对雌黄蜂简直就是一个灾难。另外，这些无翼雌蜂只能靠有武士风度的雄蜂将它们带到有食物的地方吃上一顿，或把它们带到一个适合产卵的地方。

雄黄蜂很容易被这种善于模仿的兰花欺骗，兰花释放出的信息素吸引雄蜂，而外形上又与雌蜂非常相似，所以刺激起雄蜂与之交配的欲望，这是一种拟交配，也就是假交配，不是真正的交配，但是，兰花的目的达到了，那就是让黄蜂帮助它们授粉。澳大利亚国立大学植物学与动物学学院的鲍勃·王和弗罗瑞恩·谢斯托尔证

明，雄黄蜂只能被欺骗一次，一旦受到欺骗，下一次它就会避开那只兰花。

对于无翼的雌蜂来说，雪上加霜的是，它们生活的地区到处都盛开着这种兰花，一旦被欺骗后，雄蜂不仅会躲避兰花发出的特别的化学信号，而且还躲避整个地区，连雌蜂也受到牵连而备受冷落。

对于兰花来说，用欺骗手段完成授粉需要长久地等待：被吸引来的雄蜂中只有13%与兰花进行拟交配，而对于雄蜂来说，这种光顾是没有回报的，即使雄蜂与兰花进行了拟交配，也很少发现雄蜂射精，毕竟是假交配。这对于雄蜂来说是一种能量的浪费，无怪乎经过一段时间后，雄蜂造访兰花生长区的次数会大大下降。

为什么雌螳螂在交尾时会吃掉雄螳螂

除了极少数几种螳螂是单性繁殖外，大多数种属的螳螂的生命周期是随着交尾开始的。雄螳螂释放出一种特殊的味道以吸引伴侣。当雌螳螂向它靠近时，它小心翼翼地从背后接近雌螳螂，然后很快爬上去，交尾可能连续进行好几次。

一般来说，雄螳螂交尾后能平安地离去，但也常常发生这种情况，在交尾时，雌螳螂会转过头来吃掉雄螳螂的头及前肢。为了完成它的基本任务，雄螳螂以它的躯体为饵倒是非常有效的。某些科学家则认为，雌螳螂吃掉雄螳螂的头，可能只是一种想避免自身被吃掉的反应方式。

没有了头的雄螳螂还可以继续进行交尾，因为其躯体中残存的神经组织尚能支配生殖器官的功能。

交尾后两天，雌螳螂一般头朝下站着，开始从腹部排出一种棉花样的泡沫，把这种物质黏附到枝条上或产卵的地点，然后断断续续地在每层泡沫物质上产卵并使该物质固化。卵茧的形状、尺寸、颜色，每一种属都有明显区别。通常一个卵茧中含一百多个卵。生育能力旺盛的雌螳螂在一个繁殖季节中可以产卵十次。在气候寒冷时，卵茧起着极好的御寒保温作用。生活在沙漠中的螳螂能有效地抗御长期的干旱，通常，这些卵茧产在石头下侧或边缘部位。

一只雌螳螂会很好地保护它所产下的卵茧，遇有外来干扰时，马上作出本能的反抗，甚至敢于与人抗争。从卵茧中孵化出来的小螳螂十分娇嫩，每个纤弱的"婴儿"穿着外衣——一种膜状的囊袋，显然这是为避免相互擦伤。不久，由于头中血液的压力作用，保护膜破裂，于是这些小东西就被解放出来了。那些苍白色、黑眼睛的小螳螂，起先只能吃蚜虫一类的小昆虫，但是随着连续几次的蜕皮，很快成长起来，可以捕食更大的猎物了。

几星期后，经最后一次蜕皮，一个螳螂真正成熟了，这个长腿昆虫已经可以追寻猎物、交尾、产卵，介入永恒的生命循环。

为什么昆虫"纺织娘"的恋情那么奇特

纺织娘科昆虫在我国分布很广，以东南部沿海各省如浙江、江苏、山东、福建、广东、广西分布最多。此昆虫白天静静地伏在瓜藤的茎、叶之间，晚上摄食、鸣叫。雌虫将卵产在植物的嫩枝上，常造成这些嫩枝新梢枯死，它一年发生一代，以卵越冬。

纺织娘不喜欢强烈的光线，喜欢栖息在凉爽阴暗的环境中。饲养纺织娘者懂得它有这种习性，所以江南一带的饲养者常用麦秆编

织的小笼子作为饲养容器，这种笼子有避光遮阴的性能。不过，用这种容器也有一个缺陷，那就是只能听见其鸣叫声，却不能观赏到它的形态。因而有人将其养在铁丝制成的笼中，这样既可听到其鸣叫声，又可观赏到它的形态。但必须用布做个罩子，白天把铁丝笼罩住，避免强光直晒。它善于跳跃，且能跳得很远，有时在瓜藤间纵身一跃，没入草丛，即无踪可寻。

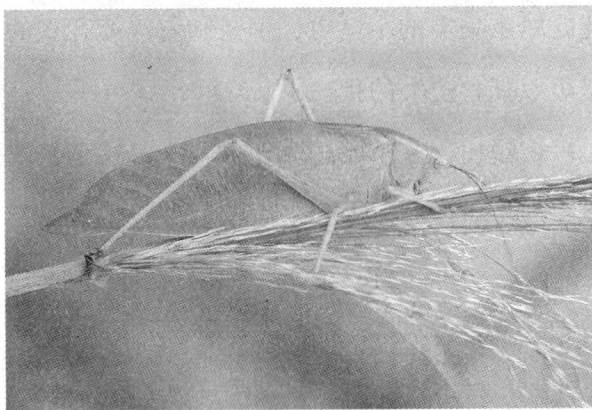

昆虫发出鸣声，意在求偶。但纺织娘的求偶与繁殖却另有一番情趣。雌虫听到鸣声，会循声飞来，把头埋入雄虫翼下，主动与雄虫交配。不过，雌虫的爱情并不专一，常和多个雄虫交配，而雄虫却十分注意繁殖的后代是否亲生。有趣的是，纺织娘雌虫体内有一个特殊的储精器官，交配后并不立即受精。雄虫可以在交配时把储存在雌虫体内情敌的精子挤出，换入自己的精子，并在交尾结束后，蜷曲身子，把嘴靠近腹部尖端，把情敌的精子吮吸干净，才放心离去。据对雄虫精子中的染色液分析，雄虫交配时可挤出情敌90%以上的精子，保证繁殖的后代确系亲生。纺织娘的这种奇特繁殖现象，在其他昆虫中还没有发现。

昆虫声音篇

昆虫之谜

为什么昆虫没有声带还能发音

　　昆虫和鸟儿一样，都不愧为大自然第一流的歌手。但与鸟儿不一样的是，昆虫的鸣声大都不是从口腔发出来的。

　　雄蝉是昆虫界中著名的男高音，那高音用的是腹音而不是喉音。雄蝉腹部前端靠后足下方有一对发音器，蝉的鸣声就是从这里发出的。发音器外面是一对半圆形盖板，盖板内是一片弹性薄膜，称作鼓膜。鼓膜与声肌相连，发音时，声肌收缩，使鼓膜振动发出声音，声音在盖板下的空间产生共鸣，鸣声很响亮，能传到500米以外。这也是成年的雄蝉向哑而不聋的雌蝉求婚的情歌。听到雄蝉的鸣声，雌蝉会被招引到同一树枝上去。

　　不同的鸣虫，发音部位和发音器官的组成也不同。例如，蟋蟀、蝈蝈都是"振翅发音"，它们的声音是靠两翅迅速地张开与闭合而产生的。

　　蚊子的翅翼是一对玲珑剔透的双层薄膜，边缘和翅翼中间有翅脉支撑。两只翅翼每秒能振动250~600次，它推动空气往返运动着，于是发出微弱的"嗡嗡"声。

　　除此以外，蝗虫能用大腿摩擦前翅的纵脉发声，蚁类能用头部敲击巢穴产生音节。

昆虫是怎么发出声音的

昆虫的鸣叫声，有长有短，有高有低。即使是同一种昆虫发出来的鸣叫声，也不会是同样一个音律。那么它们是怎样"弹拨琴弦"和"调音定调"的呢？这就得先从每个昆虫发出声音的器官的构造和声音的来源说起。

人们常说蟋蟀是振翅而鸣，这话千真万确。蟋蟀成虫的胸部，长着两对发达的翅。前面的一对翅膜较厚，叫做复翅，翅的两侧向下弯曲，分别覆盖住腹部的背面和两侧。后翅较薄，平时像一把柔软的折扇，折叠起来隐藏在前翅下面，因而不易见到。在雄性中，复翅的中部内上方，生长着发达的发音器官，而雌蟋蟀的复翅却没有发音器官，而且翅也较短，腹部末端除与雄蟋蟀一样有两根带毛的尾须外，还拖着根矛头状的产卵管。

雄蟋蟀的发音器官，是由复翅上的音锉和刮器两部分组成。音锉长在前翅基部一条斜翅脉上，上面顺序排列着数十个像锯子一样的小齿。刮器则长在音锉前下方，是一条比较坚硬的翅边。蟋蟀鸣叫时，总是右复翅盖在左复翅之上，两个复翅高举在背上成45°角，然后由胸肌牵动两翅，不停地张开又闭合，这样两个翅上的刮器，便与相反方向翅上的音锉产生摩擦，造成复翅上的镜膜震动，发出清脆的鸣声。音律的高低与长短，由刮器对音锉的刮击轻重和连续性来调节。刮击的程度重，复翅上镜膜的震动强度大，频率快，发出的声响就大；连续刮击，音节长，时而间断就音节短。刮击有轻有重，有断有续，这样便会演奏出优美的旋律来。

螽斯的发音器官的构造，音节的调奏方法与蟋蟀大致相似，所不同的是，螽斯的左复翅总是盖在右复翅上，复翅上的镜膜更为宽大和透亮，这样就提高了共振效果和音量强度。螽斯的身体较大，相对来说音锉也较长，但锉齿稀而大。不同种类的螽斯在 1 毫米长的音锉上有齿突十几个至三十几个不等，这就使音锉与刮器间的距离拉长，因此，不但鸣声响亮，音节也更曲折。螽斯的胸部发达，鸣叫时复翅的振动快，因而发出的声音中，有一部分音波频率每秒钟能高达 63000 次，而且正是人耳能听到的频率范围；但还有部分音波频率较低，人们难以听到，也就难以与人沟通语言了。

蝉类的歌声高亢，是因为它们的发音器官在构造和部位上别具一格。蝉的发音器官所生长的部位确实与蟋蟀、螽斯不同。它们的发音器官生长在腹部腹面第一节的两侧。最先能用肉眼看到的是两块半圆形的黑色盖板，全部发音机能便都隐藏在盖板下的洼槽中。洼槽上面的空腔，叫做共振室，起着扩大声音强度的作用。共振室后面有块像镜子一样的平滑薄膜，叫做镜膜，这是蝉的听器。在盖板下面的上前方，有着既薄又脆，但很结实的膜，叫做声鼓，这才是蝉的真正的发音器官。当蝉要鸣叫及调整鸣声的高低和节奏时，除借助腹部的不断起伏外，就要依靠声肌收缩的快慢和强弱来决定，收缩快音节就短，收缩慢音节就长；收缩的强度大，声音就

高，相反就低。故有"蝉以肋鸣"的说法。

总结起来，昆虫的发音方式主要分为三大类：

（1）飞行、取食、求偶活动产生的声音。人类能够听到的振频为 $20\sim20000\,Hz$；蝶类为 $7\sim13\,Hz$；苍蝇为 $147\sim220\,Hz$；蚊类飞行时拍打翅膀的振频约 $594\,Hz$。因此我们只能听到苍蝇和蚊拍打翅膀的声音。

（2）身体撞击其他物体产生。如窃蠹头部敲击隧道壁发出的声音，某些种类的雄性拟步甲求偶时利用腹片摩擦雌性胸部的瘤发出尖锐声音。

（3）昆虫本身的特殊发音器官产生。摩擦发音。发音器的两部分互相摩擦而发音。如蟋蟀、螽斯、蝗虫、蝼蛄、蟓、天牛、金龟子等。膜振动发音。同翅目、半翅目、鳞翅目的部分种类具有此种发音方式。

昆虫是用声音进行通信的吗

通过声音传递信息是昆虫的一种"语言"形式。昆虫虽然不能用嘴发出声音来，却可以充分运用身体上的各种发声器官来弥补这一不足。昆虫虽无镶有耳轮的两只耳朵，但它们有着极为敏感的听觉器官（如听觉毛、江氏听器、鼓膜听器等）。昆虫的特殊发音器官与听觉器官密切配合，就形成了传递同种之间各种"代号"的声音通信系统。

我国劳动人民早已对不同种类昆虫声音通信的发声机理和部位有所认识。我国古籍《草木疏》上说："蝗类青色，长角长股，股鸣者也。"《埤雅》上说："苍蝇声雄壮，青蝇声清聒，其音皆在翼。"已明确地将不同昆虫的"声语"分为摩擦发声和振动发声。

东亚飞蝗的发声，是用复翅（前翅）上的音齿和后腿上的刮器互相摩擦所致。音齿长约1厘米，共有约300个锯齿形的小齿，生在后腿上的刮器齿则很少，但比较粗大。要发声时，先用四条腿将身体支撑起，摆出发音的姿势，再把复翅伸开，弯曲粗大的后腿同时举起与复翅靠拢，上下有节奏地抖动着，使后腿上的刮器与复翅上的音齿相互击接，引起复翅振动，从而发出"嚓啦、嚓啦"的响声。

摩擦发声大多是由20~30个音节组成，每个音节又由80~100个小音节组成。发出来的声音频率多在500~1000赫兹之间，不同的音节代表着不同的信号。因此，音节的变换在昆虫之间的声音通信联络中，有着重要作用。

据报道，家蝇翅的振动声音频率为147~200赫兹。国内有人研究过8种蚊虫的翅振频率，不同种类、不同性别均不相同。8种蚊虫的翅振声频可达433~572赫兹，而且雄性明显高于雌性。农民有句谚语"叫得响的蚊子不咬人"，就是这个道理，因为雄蚊是不咬人的。

大多数昆虫发出的声音是极小的，它们之间使用人类很难模拟的"语言"进行喃喃"私语"。但是，也有的昆虫能发出十分响亮

的声音，蝉类就是它们的杰出代表了。雄蝉腹部有一个像大鼓一样的发声器，它们很像不知疲倦的歌唱家，夏季从清晨到夜晚到处都可以听到它们响亮的"歌声"。原来，仲夏季节蝉从地下钻到地面后，充其量也只能活到秋天。在短暂的一生中，它们不得不抓紧时间以没完没了的"歌唱"来召唤它的"情侣"（雌蝉）。有趣的是，蝉的种类不同，鸣叫时所发出的声波也不同，如夏蝉喜欢"引吭高歌"，而寒蝉的"歌唱"总带有低沉悲切的色调。这样一来，一种蝉的个体对另一种蝉发出的"求爱"歌声是不会给予理会的。就算是同一种蝉，假如雄蝉的"歌喉"出了毛病，由它"演唱"的"情歌"，也会失去对"情侣"的引诱力。此外，斗蟋蟀时胜利者的得意鸣叫，也许就是一种"凯歌"吧！

有发音器就有听觉器（耳朵）。昆虫中"声音语言"的巧妙运用与灵敏度，已有点像人类使用的手机，但其"语言"与听觉器官的相互作用，是否已具有人类发音与收音之间的那种密切连带关系，还需进一步探讨。

昆虫是携带乐器的精灵吗

夏日炎炎，不要烦躁，去聆听大自然的声音，那首美妙的昆虫变奏曲，在人们不经意间演奏着。

"唧——唧——唧"，皎洁的月光衬托着蟋蟀歌声的悠扬；"吱——喳——"炎热的午后，蝉在诉说着它的烦躁；"咯啦啦——咯啦啦——咯啦啦——"纺织娘又开始织布了。发声现象在昆虫中普遍存在，据报道，昆虫纲的 34 个目中有 16 个目的昆虫能发声，并且声信号有一定的声学特征，具有种的专一性。也就是说，不同的昆虫就像不同的乐器，各有自己独特的发声原理以及旋律。

与人类不同，昆虫美妙的歌声不是从口中发出来的，很多昆虫身上都携带着一种发声器，通过发生器的相互摩擦而产生声波。

"蟋蟀悠扬声，竹席夜凉人"，在夏秋季节的晚上，"唧——唧——唧"，"句——句——句"，蟋蟀的鸣声此起彼伏。蟋蟀（北方俗称蛐蛐）的发生器由声锉和刮器组成，声锉是由雄虫前翅的肘脉腹面特化而成的，上面长着许多小翅，另一前翅与之相对的后缘形成刮器。发声时，通常两前翅翘起，与虫体呈一定的角度，通过前翅张开、闭合，使声锉与刮器摩擦，从而使翅振动，再经过放大与共鸣，悦耳的鸣声就产生了。

这种发声方式在昆虫中比较普遍，但是发声器具体结构多种多样（仅直翅目的此类发生器就有 24 种左右），位置也不尽相同。比如，"嘎、嘎"，鸣声既单调又乏味，而且音质粗糙、声音也不够响的蝗虫，颗粒状的声锉和刮器分别位于后足腿节和前翅上，两者相互摩擦发声。昆虫的摩擦发声好比拉小提琴，作为乐工，把左翅放在右翅上，而右翅就相当于提琴。因此，有人也把会发声的直翅目昆虫比作草丛里演奏的小提琴家。

声锉以及组成声锉的声齿，不同的种类差别很大，刮器结构简

单，仅为翅、足或其他部位的一些刚毛、齿、隆线或翅脉等。

每当夏季来临，漫长的黑暗生活后，蝉终于见到了光明，在树枝高处，它唱得那么撕心裂肺。"居高声自远，非是借秋风"，蝉的声音自古就以"洪亮"而闻名了，这要归功于它肚子上的膜发生器。

雄蝉的腹部下面有一对白色的半圆形音箱盖，腹部里面有鼓膜、发音肌、褶膜和镜膜，还有一个空空的共鸣室。当蝉发音时，它先收缩发音肌，使富有弹性的鼓膜尽量往里拉；然后，发音肌又迅速地松弛下来，鼓膜恢复原状；就这样，发音肌不断地收缩与舒张，使鼓膜不断地产生凹与凸的动作；这种连续不断的机械运动最后就会产生"咯、咯"的声波振动。

当声波传到腹部的褶膜和镜膜时，通过发音肌收缩的快和慢，来调节鼓膜发出音调的短和长。当声波与空气一起通过共鸣室时，声音将被进一步增强和增大。这时候，音箱盖也会随着声波振动，于是乎抑扬顿挫、高亢有力、委婉动听的旋律便奇迹般地产生了。雌蝉的乐器构造不完全，不能发声，所以也称雌蝉为"哑巴蝉"。

昆虫都有哪些发声的绝技

有一些昆虫没有专门的发声器，但是在取食、爬行、筑巢和飞翔过程中产生的一些副产物形成了声波。

我们常说，"嗡嗡嗡……蚊子唱着歌飞来了"。其实，这声音不是唱出来的，而是蚊子在飞行过程中，由于翅膀的振动而产生的。

另外，有的昆虫通过身体的特定部位敲击地面或其他生活场所也可以发出声音。比如蝗虫，除了用发生器发声外，还可以用后足胫节敲击地面发声，大约 12 次/秒；白蚁中的兵蚁用上颚敲击隧道壁发声，将有关信息传给同伴，而其幼虫则以头部撞击蛀道顶部表达不同的信息。

昆虫还能发出超声和次声，比如蝴蝶飞行时，由于翅振频低，鸣声强度小，因此不为人们所感知。

昆虫是怎样亮出声音武器呼唤爱情的

或是细雨流水的轻柔，或是暴风骤雨的激烈，或像女子在低唱轻吟，或是男子在抒发远大的情怀。瑟瑟的虫音，仿佛天籁，美妙无比。昆虫的叫声不仅变化多端，而且含义深刻，不同的场合，它们会演奏不同的乐曲。

"吱——喳——"雄蝉不知疲倦地嘶叫着，实则向默默无语的雌蝉发出信息："我是帅哥，让我做你老公吧！"包括蝉在内，大多数昆虫都是雄性发声，雌性向发声者运动。雌雄相遇并相互识别后，雄虫发出求偶鸣叫。这种鸣叫，对成功的交配起着决定性的作

用。雄蟋蟀与雌蟋蟀交尾时，还会发出表示"愉快"的交配声。这声音从"句、句"声变成了欢快的"滴铃"声，俗称"接铃"声。在生殖行为中最有种间特色的鸣声就是召唤声、求偶声及交配声。它们在完成同种内的辨认、求偶等交配活动中起着不可估量的作用，也是完成生殖活动所不可少的。

蝉是怎么进行"有声的反抗"的

雄性蝉喜欢成群地聚集在一起，用齐声高歌的方式传达"这是我们的领土，其他人走开"的信息。的确，在某些昆虫，当种群的某个个体找到合适的生活空间、充足的食物以及适宜的产卵场所，就会发出阵阵召唤声，然后集体合唱以达到占领这一区域的目的。就这样，声音有高有低，此起彼伏，就像一个交响乐队的倾情演出。

当你抓住一只雄蝉时，它会发出强烈的尖叫。不光蝉，几乎所有的鸣虫被攻击时，都会发出尖叫。如果周围出现异常或危险，昆虫还会以鸣声拉响警报，警告同类做好对策。这种鸣声一般都具有较高声强和较高的频率，常常是为了恐吓和警告。两只雄蟋蟀狭路相逢，它们会发出挑衅性的鸣叫，声音短促而激烈。于是敌对者双方彼此用这样的鸣声回击，相持不让，战斗也许会发生，直到一方败退为止。一旦战争结束，胜利者高奏凯歌，长鸣不止，这时的音色最为洪亮。

但也有人认为这种鸣声仅仅是鸣虫被捕获或受惊扰后而强烈刺激神经兴奋后产生的活动，并无任何生物学意义。

声音是昆虫沟通的主要桥梁吗

在社会性和半社会性昆虫中，鸣声主要起联络作用。它们一般都有较为复杂的通信方式。如在蚂蚁和某些白蚁中，它们通过三种不同途径进行通信联络，那就是靠各种各样的舞蹈引起的视觉和靠由各种分泌物引起的嗅觉，以及由发生器发出的声音而引起的听觉。在黑暗的蚁巢中，鸣声的作用是不容忽视的一种重要的通信手段。同样在蜂类中，也有类似情况。

漫步于田园乡野，铿锵有力的蝉鸣，鸣奏弹唱的蟋蟀，抑扬顿挫的蝈蝈，昆虫交响曲汇成一片起伏荡漾的声浪。它们或是在传情求爱，或是在展现强者的威猛。总之，一阵阵的抑扬顿挫，一串串的音高韵长，带给人们无尽的遐想，增添了无数的情趣。

蝉之鸣有什么区别

蝉是同翅目蝉科昆虫，因其声音嘹亮又被冠以"高音歌手"的美名。蝉的种类不同，不仅"小模样"有差别，声音也各具特点。

1. 黑蚱蝉

又叫知了，鸣蝉，混身漆黑发亮，在蝉家族中个头最大。它的鸣叫声"吱——喳——"虽然音色比较单调，但是鸣声粗犷而宏亮，颇有男高音的风范。每年从 6～9 月，人们都可以听到黑蚱蝉那高昂的音调。

2. 蟪蛄

蟪蛄多栖身在褐色的树干上，身体黑褐色，后翅呈黄褐色并有黑斑。它的鸣叫声"吱，吱，吱，吱——"颇有小鸟啁啾之音，尖而有变调，音色清脆悦耳。

3. 寒蝉

"牙斯塔——牙斯塔"，寒蝉的鸣声是鸣蝉当中最为动听的一种，同时，它全身苍绿，个体较小，也是蝉类当中模样最为俊俏的一种。因它在深秋时节叫得最欢，故又称秋蝉。寒蝉喜欢集体鸣唱，其节奏统一有序，就像有人在指挥一样。

4. 红蝉

俗称红娘子。红蝉的鸣声"嘣、嘣、嘣——",就像是迅速而连续地拨弹旧棉花时的长线所发出的声音。当它们唱到高潮时,人们只能听到连续的振动声,并无明显的节律。

5. 鸣蝉

生活在山区,体粗壮,暗绿色,有黑斑纹。它的鸣声非常奇怪,"呜呜呜呜——哇"。听到这样的叫声给人的感觉就像它受到了很大的委屈正在喊冤泄愤似的。

蟋蟀的欢唱有什么不同

蟋蟀是直翅目蟋蟀科昆虫,因鸣声悦耳而闻名,南方人称之为"财积",北方人称它为"蛐蛐"。不同种类的蟋蟀,鸣叫的声调也不同,人们可以根据这个特点来判断它们的种类。

1. 斗蟋

体型较大,习性好斗,鸣声宽宏,音节匀称,以"句、句、句、句"四个音节断断续续地发出鸣叫声。斗蟋在条件舒适时,可以连续不间断地鸣叫几十分钟,是一种玩赏价值很高的昆虫。

2. 双斑蟋

俗名画镜、黄金蛐蛐、黄斑黑蟋蟀(台湾)、双斑大蟋。双斑蟋常躲在草丛间、树皮下、落叶及石头间,若不注意并不容易发

现。乌黑发亮的翅膀上有着一对美丽的黄色斑点。鸣唱时，发出"哩哩哩"之声。

3. 灶蟋

常见于农舍灶台、火炕、火墙的缝隙处，喜温暖，爱夜间鸣叫。通体黄褐色，身披较密的细绒毛。鸣声细柔而清脆，声如"唧、唧、唧、唧、唧"或"唧吕、唧吕、唧吕、唧吕"的声音，似小鸡鸣叫，故有"灶鸡"之称。

4. 油葫芦

又名黑蟋蟀、褐蟋蝉，由于全身油光锃亮，就像刚从油瓶中捞出似的，并且其鸣声"唧吕吕吕吕唧吕吕吕吕"或者是"谷落铃，谷落铃"，就好像油从葫芦里倾注出来一样，所以得"油葫芦"之名。

5. 树蟋

又称竹蛉，外观纤细修长，头小而翅宽，形似琵琶，又如一片碧

绿的嫩竹叶。树蟋喜欢栖息在瓜豆等棚架植物及果园的草丛中，以及梧桐、泡桐、桑树、槐树上。它发出的"瞿、瞿、瞿"声，节奏缓慢；有时也发出"吕吕吕吕"的声音。

6. 铁蟋

又名罄蛉、铁弹子。此鸣虫因全身乌黑发亮，头似圆珠，如弹子，因而名"铁弹子"。铁蟋的鸣声比较独特，清脆又凝重，鸣声如"庆庆庆庆"，富有回音，优美悦耳，极像击罄之声，因此也叫"罄蛉"。因其鸣声超群，而数量稀少，因此深得鸣虫爱好者的喜欢，并与马蛉一起被称为"鸣虫两绝"。

7. 马蛉

身体扁平，呈黑色，头很小。在它鸣唱时，六肢挺立，双翅翘起，似一朵盛开的黑色小花。马蛉栖息于枯叶中、草根下及阴暗潮湿的巷道中，在国外，马蛉也被称为"黑色吉他手"。

鸣声"铃铃——"，犹如风吹银铃，余音绕梁。另一种鸣声"当当当"，深沉悦耳，好似频敲金钟，韵味十足。当碰到雌虫时，则发出"兹——当当当"的钢琴声，柔情似水。

8. 梨片蟋

梨片蟋又名金钟、天蛉。整个虫体呈梭形，通体草绿色，像一颗绿色的枣核，又像两头尖的小舟。它的鸣声"句——句句句"、"句——句句句"四声一组，第一声较长，后三声短促。其鸣声高亢清脆，音色柔美。

9. 金蛉子

身体很小，呈黄褐色。金蛉子白天喜欢鸣叫，其鸣声清脆嘹亮，声如"铃、铃、铃、铃"连续鸣唱，犹如金铃撞击，令人心旷神怡。金蛉子因其体形娇小玲珑，形状美丽可爱，鸣声悦耳动人，被视为诸多鸣虫中的佼佼者。

10. 大黄蛉

身体娇小玲珑，通体呈金黄色，金光闪耀、俏丽悦目。大黄蛉的鸣声"唧唧唧唧"，有金属般的铜铃声，好似天使撒向人间的一串金铃，妙不可言。大黄蛉的一次开叫，可长达 7 分钟。

11. 宝塔蛉

身体小，全身呈黄褐色，鸣声音调高且响亮，声如"庆——庆乐铃，庆——庆乐铃，庆——庆乐铃——"四声一顿，周而复始。宝塔蛉的鸣声音调和谐，音质优美，且鸣叫时间悠长，耐人寻味。

斑点猎蝽是怎样用声音迷惑蝉的

对于这只寻找爱情的雄蝉来说，一切已经准备就绪。在澳大利亚东部干燥的丛林地区的一棵树梢上，它开始演唱爱的小夜曲。它先来了一段明快的吱喳前奏，然后就"哦—吱、哦—吱、哦—吱"地唱着。就在这时，传来了回应它的"咔答"声。每次雄蝉重复演唱"哦—吱"的时候，这个"咔答"声就会出现。它的好运气来了：这种声音表示一只雌蝉对它感兴趣。雄蝉慢慢朝着发出咔答声的方向爬过去，边走边唱。它离得越近，咔答声就越响，要不了多久，它就能在树叶间翻云覆雨了。它现在确定了目标，迈出了最后一步。

　　说时迟，那时快，一对绿色的长腿飞快地伸了出来，把它紧紧地锁住。一眨眼的工夫，一对强壮的虫颚就咬住了它的头。出什么错了？它的歌尽善尽美，收到的回音也准确无误。然而，雄蝉上当了。那些召唤它的"咔答"声不是雌蝉爱的呼唤，而是一个寻找食物的捕猎者斑点猎螽耍的花招。

　　这种澳大利亚干旱的内陆地区常见的螽斯拥有一种独一无二的天赋。它通过模仿雌蝉对雄蝉歌声的回复来诱捕雄蝉，这是已知的第一例听觉攻击性拟态。

　　斑点猎螽的多才多艺令人印象深刻，但实际上它并不像看上去那么聪明。雌蝉必须完整地识别同种雄蝉的歌声，虽然它们只需要对特定的提示暗号作出回应。而斑点猎螽却并不介意自己能够招引哪种雄蝉，因此它们对雄蝉歌声中华丽的装饰音毫不在意，它们关心的只是其中的提示暗号。只要它们在一个戛然而止的乐句之后发出"咔答"声，就可能引来一只雄蝉。斑点猎螽以一些基本原则为基础发展出一套应答机制，因此可以对多种蝉鸣做出回应，但它也会犯错误。斑点猎螽对任何一种短促、尖锐的响声都会做出回应，比如两枚硬币的碰撞声、汽车变向指示灯发出的声音等，它们也不需要完美。

　　斑点猎螽的攻击性模仿能力究竟从何而来，这仍是一种未解之谜。斑点猎螽是螽斯的一种。和蝉一样，螽斯也是鸣虫，体内也有一套声学"设备"——发音装置、接听装置，还有处理信号的大脑。有些螽斯也会"对唱情歌"，雄虫首先鸣唱，雌虫做出回应。然而，斑点猎螽的鸣唱并不是求偶歌声的简单改编，因为如果这样

的话，其异性之间应该也会彼此唱和，但它们似乎没有这种习性。而且，如果斑点猎蝽的鸣唱由求偶歌声改编而来，那么应该只有雌性斑点猎蝽能够回应雄蝉。但是，实际上无论雌、雄，它们都会用这种方法捕食雄蝉。

昆虫奥秘篇

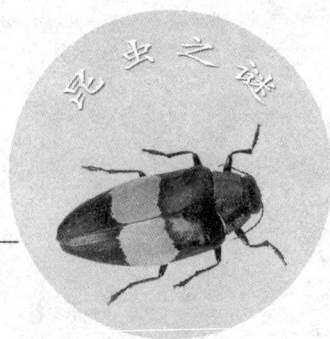

昆虫之谜

史前昆虫真的有庞大身体吗

美国科学家们最近在对甲虫的呼吸系统进行研究时发现，大气中氧气含量越高，昆虫的体型就会长得越大。来自美国亚利桑那州一所大学的亚历山大·凯泽尔与其同行们进行的这项研究表明，在3亿多年前的古生代晚期，恐龙曾经与其他一些体型庞大的昆虫共同统治着地球。科学家们在解释这种史前奇特现象时指出，数亿年前巨型生物的出现与大气中氧气的含量过高有关。如果现在氧气的含量再度上升，那么地球很有可能会再度成为巨型怪兽们的乐园。该大学的科学家们指出，史前巨型昆虫的体积超过现代甲虫、蝴蝶和蟑螂数百倍之多。

据负责领导该项研究活动的亚历山大·凯泽尔教授表示，史前巨型昆虫的体型之所以会如此庞大，与大气层中氧气的含量存在着直接联系。据分析，地球大气中氧气的含量曾一度达到35%，比现

在高出 14%（目前地球大气中的氧含量为 21%）。

据悉，在研究过程中，科学家们还专门分析了现代昆虫身体尺寸与它们气管长度之间的关系。在那个时代，一只蜻蜓在翅膀展开时可达 70 厘米。科学家们解释称，在 3 亿多年前，昆虫身体尺寸与它们气管尺寸的比例达到了一个非常高的程度——这是由于大气中氧气的浓度越高，呼吸系统处理空气的能力便越小。

在当前氧气浓度相对较低的情况下，昆虫的理论尺寸不会超过数厘米。不过，一旦大气中氧气的含量增加到古生代的水平，那么我们平常所见到的蚊子和蟑螂将有可能对人类生命安全构成极大的威胁。

虫和昆虫相同吗

在伦敦动物园的昆虫馆里，展示着蝴蝶、蝗虫，同时还有巨大的鸟蛛（蜘蛛的一种），甚至还有蝎子。

这种情况不仅仅出现在英国，美国、欧洲也是如此。刚开始人们还是半信半疑地询问："为什么连这些东西也叫做昆虫？"馆方工作人员摆出一副一下子难以理解的样子，作了如下回答："昆虫是指身体有环节的动物的总称，所以蝎子、蜈蚣也包括其中，这难道很奇怪吗？"

近代科学产生之前，也就是日本的江户时代，曾把动物分类为鸟、兽、鱼和介类。据说"介"原意是"硬的"，泛指有甲壳和贝壳的动物，像贝等大部分的海产动物都属于介类。当时的人把鸟、兽、鱼和介类以外的都列为虫类，蛇、蛙和蜻蜓也都属于虫类。因为以前的调查没有如今详尽，所以人们只知道一些代表性的种类，把鸟、兽、鱼、介类之外的动物列为虫类，不失为一种明确的分类法。然而遗憾的是，这种分类法并不科学，可以说是仅凭感觉而进行的。

中国古代的甲骨文字中的"虫"字，形状就像是尾巴长长的蝌蚪，据说是蛇的象形，也就是说，"虫"字起源于蛇。再查一下"昆"字，原来这个金文字体使用于商朝之后的周朝，是一种象形文字。"曰"表示身体，"比"代表脚，由来于金龟子等。"昆"和"虫"二字，一般认为"昆"才是指现在的昆虫。由此可知，"虫"的范围涵盖很广，蛙等两栖类，蛇等爬行类，以及蚯蚓、蜘蛛等都应当包括在内。大胆地说，过去有"虫"字旁的动物名称或许都是指"虫"。

然而，目前昆虫的定义却十分明确，教科书上明确注明如下成文的解释："昆虫的身体分头、胸、腹三部分，头部有一对触角和复眼……"这段通俗浅显、毫无风趣的陈述虽没有错，但还有更为简单易懂的分辨法，那就是"昆虫都有六只脚"。

当然其中也有例外。比如说芋虫、尺蠖之类的幼虫，只是在幼虫时期才会有腹脚。除胸部的六只脚外，还有另外的十只脚。因此，如果确切地说，就是"成虫的脚有六只"。

为什么说昆虫能够孤雌生殖

绝大多数昆虫进行的是两性生殖。雌、雄个体经过有趣的求偶行为后交尾。雄性个体产生的精子与雌性个体产生的卵细胞在雌虫体内完成受精作用，然后雌虫产卵，由受精卵发育出新个体。而有的昆虫，生殖方式却很特别。

蜜蜂是我们常见的社会性昆虫。蜂后新婚交尾后回到蜂巢，它产的卵中有的是受精卵，有的却不是。受精卵产生职蜂，即工蜂，或成为新蜂后；而没受精的卵发育成蜜蜂中唯一的男性——雄蜂。这种雌虫产生的卵可不经和精子融合而直接发育成新个体的生殖方式，叫孤雌生殖。雄蜂就是孤雌生殖的产物。

蚜虫的生殖方式更为复杂。夏季气候适宜时，棉蚜喜欢在夏枯草或苦荬菜这类植物上生活，此时它进行孤雌生殖，奇特的是它生下来的不是卵，而是一只只无翅的小蚜虫。而且全是雌性的。大家都知道，昆虫一般都产卵，卵孵化的过程是体外完成的。蚜虫卵却是在母体中已发育成幼虫，所以生下来的是小蚜虫，我们把这种现象叫卵胎生。不过卵胎生和真正的胎生是完全不一样的，因为卵发育时的营养物质不是由母体提供，而只是来自卵黄。通过卵胎生繁殖四五代后，棉蚜产生很多有翅的雌蚜虫，飞到棉花植株上，开始危害棉梢，此时继续以卵胎生和孤雌生殖的方式不断产生无翅雌蚜。入秋天气变凉，它又回到夏枯草上，产有翅的雌蚜和雄蚜，二者交尾后，通过正常的两性生殖方式产下受精卵，并以此越冬，来年春天又开始它复杂的一生。

蝉身上的三大谜团都是什么

全世界蝉的种类繁多，有三千多种，我国目前已知的有 200 种左右。在我国，土地辽阔，一年四季均有蝉鸣。春天有"春蝉"，鸣叫时大喊"醒啦——醒啦"；夏天有"夏蝉"，鸣叫时大喊"热死啦——热死啦"、"知了——知了"；秋天时有"秋蝉"，鸣叫时大喊"服了——服了"；冬天有"冬蝉"，鸣叫时大喊"完了——完了"。

雄蝉喜欢激昂高歌，扯着"嗓门"大喊大叫，那它能不能听到声音呢？

这是有关蝉的第一个谜。

一百多年来，法布尔的结论一直被人们广泛接受。甚至直至 20 世纪 80 年代，小学的语文教科书中关于蝉的部分仍沿用法布尔的观点：蝉是一个"聋子"。

可是，一百多年前，人们一直认为雄蝉是能听到声音的。并给雄蝉冠以"音乐大师"的美称。甚至现在，世界上的竖琴都用蝉来

装饰并作为标志。这里还流传着一个典故：相传，古代希腊有两位名噪全国的音乐大师——爱诺莫斯和阿里士多。这天，两位艺术家正在雅典展开一场轰动全国的竖琴冠军赛。论竖琴的演奏技巧，爱诺莫斯要比阿里士多略胜一筹。哪料到，爱诺莫斯正弹奏得妙音如珠、扣人心弦的时刻，竖琴的琴弦突然断了。在这刻不容缓的时刻，恰巧飞来一只鸣蝉，把琴声继续下去了。爱诺莫斯只好顺水推舟，模拟蝉的鸣声而假奏。由于模拟得太逼真了，弄得真假难分，爱诺莫斯赢得了这场比赛的胜利。为了感谢蝉的"救场"之恩，爱诺莫斯便在竖琴上装饰了蝉，以作标志。

当然这只不过是一个传说而已，但它反映了人们对蝉的听觉的看法，蝉要是个"聋子"的话，哪能及时飞来"救场"呢？

近年来，许多昆虫学家对蝉是"聋子"的结论表示怀疑。雄蝉有高度发达的发声器，能发出令人烦躁的高音。中、小型蝉类的呼叫声一般可达 80 分贝 ~ 90 分贝，大型蝉类的呼叫声可高达 100 ~ 130 分贝。我国四川峨眉山等地的一种震旦马蝉，其群鸣声响彻整个山谷，震耳欲聋，使人不堪忍受。蝉为何使出那么大的劲儿来叫喊？目的是招引远处的雌蝉前来交配，繁衍后代。但是雌蝉的发声器官已经退化，它只能听到雄蝉发出的邀请，却哑不做声。这就意味着"情侣"之间是没有"对唱"的，它们进行单向性声音通信。因此，雄蝉鸣叫时必须能听到自己的叫声，才能知道叫得如何，进而不断地校正自己的叫声，以便更有效地招引雌蝉。

昆虫学家经过解剖发现：蝉两侧腹室的外缘（第二腹节左右侧）各有一个稍突起的听囊，腔内约有 1500 个听觉单元。当外界

声波激励听膜振动时，听神经细胞产生兴奋，其神经冲动沿听神经传入大脑的听觉中枢，产生相应的听感觉。雌蝉的听膜虽比同种雄蝉小，但听脊却明显大，听脊比听膜对声音的敏感性更高。所以这证明雄蝉并不是"聋子"，只不过听觉不如雌蝉罢了。

但科学家在研究中发现，雄蝉的声音是由第一、二腹节内的发声肌的收缩运动，分别牵动两侧发声膜受迫振动而发出。盖在发声膜上方的背瓣（即"鼓盖"）和所形成的鼓室，以及腹部两块左右对称的腹瓣（即"音盖"）和下面的左右腹室，都有调音和扩音功能，而腹室内壁的上半部为近似白色的皱褶膜，下半部为内倾而近似半透明的听膜，透亮如镜，故称"镜膜"。而雄蝉的褶膜、镜膜和腹壁膜是接受声波的听膜，又是鸣声的辐射膜，相当于我们使用的单卡录音机，它是两用的，既可以录音，又可以放音。单卡录音机不能同时使用两种功能，录音时不能放音，放音时也不能录音。

所以有的科学家认为，雄蝉是个"半聋子"，即静止不叫唤时

能听到声音，若是高亢鸣叫时，它就听不到任何声音。那么这样问题又来了。事实上，多种蝉类都具有合唱（群鸣）的习性。你不妨仔细倾听一下，蝉鸣都是这样的：先是大家一齐叫，节奏十分整齐，然后一起停叫。可见雄蝉鸣叫时，显然需要听到其他同类的鸣叫，以便调节自己的叫声，参加合唱。

这样，说雄蝉的镜膜既是听膜又是扩音膜是不可理解的。看来，雄蝉到底聋不聋，还需要进一步探讨。

雌蝉一定是哑巴吗？这是蝉的第二个谜。

表面上看来，捕捉到的雌蝉，都是不会鸣叫的，所以人们都称雌蝉为"哑巴姑娘"。从上面所讲的来看，雄蝉的"镜膜"兼有收音和扩音的作用，那么，它在鸣叫时，镜膜在扩音，就必然听不到自己的鸣叫声。这样，雌蝉又不会说话，雄蝉又听不到自己在叫些什么，这不成了雄蝉在瞎叫唤吗？这样怎么会让远处的雌蝉准确无误地找到"男友"呢？

有的科学家认为，当雄蝉拼命地高歌鸣叫时，能把方圆1000多米内的雌蝉召唤过来。当雌蝉飞到近距离时，雄蝉不断发出特有的低音量的"求爱声"，吸引雌蝉靠近。与此同时，雌蝉也能发出低音量应答声。这样相互默契才能达到交配目的。只不过雌蝉的这种低音量次声人耳听不到。

不过，它们是否真的用低音量的声音在"交谈"，这还是个谜。

若蝉是怎样计时的？这是蝉的第三个谜。

雌雄蝉交配后，雄蝉很快就衰老而坠地死去，留下雌蝉。雌蝉用尖尖的产卵器在嫩枝上刺一圈小孔，把卵产在树木的木质内部，还要在嫩枝的下端，用口器刺破一圈韧皮，使树枝断绝水分和养料的供应，嫩枝渐渐枯死。这样，有卵的树枝容易被风吹落到地面，以便孵化出来的幼蝉（叫幼虫）钻进土里。

蝉产下的卵半个月就孵化出幼蝉。幼蝉的生活期特别长，最短的也要在地下生活 2 ~ 3 年，一般为 4 ~ 5 年，最长的为 17 年。幼蝉长期在地下生活，有着冬暖夏凉的条件，也很少有天敌来威胁，倒也算自在。它们经过 4 ~ 5 次蜕皮后，就要钻出地面，爬上树枝进行最后的一次蜕皮（叫金蝉脱壳），成为成虫。

同样令昆虫学家大惑不解的是，蝉能够非常准确地确定时间，在"地狱"恰到好处地完成从幼虫到成虫的过渡生长，并适时离开"地狱"爬出地面。这是个不可思议的奇迹。尤其是 17 年蝉，这种蝉都是不多不少，精确地度过 17 年"地狱"生活才见天日。要见到它的子女，必须再过 17 年。因此昆虫学家们总是像天文学家等待日食和哈雷彗星一样等待着"17 年蝉"的出现。

幼蝉在暗无天日的地下，既看不见日出日落，也没有寒冬酷暑，它们是如何计量时间的？这是科学界的一大未解之谜。

为什么蚊子要叮咬人

生活是文学创作的源泉，也是科普创作之源。日常生活中许多司空见惯的现象需要作出科学的解释，而不少奥秘正等待科学来揭

示。

天气越来越热，烦人的蚊子也越来越活跃。如果我们站在河边或树林边上，很快就会受到蚊子的攻击。蚊子靠什么能很快地发现我们在那里呢？当几个人同住一个有蚊子的房间里时，经常是有的人被蚊子反复叮咬，而有的人却很少被蚊子叮咬或感觉不到蚊子的存在。这些问题既是每个人都想知道的，也是昆虫研究人员想要解决的。美国农业服务处昆虫研究中心蚊蝇部的研究人员，经过30多年的不懈努力，终于揭开了这个秘密。

在上世纪20年代，昆虫研究人员就已经知道人与动物呼出的二氧化碳对蚊子有吸引作用。在1968年，农业服务处昆虫研究中心的艾克瑞等人发现，汗液中的乳酸能吸引蚊子。但是，这两种化合物单独使用或混合使用都没有人的手臂对蚊子的吸引力大。这证明一定还有其他的化合物是蚊子的引诱剂。在要对汗液的成分进行分析时，研究人员所碰到的困难是，随汗水排出的物质中，挥发到空气中的那一小部分是很难进行分析的。汗液中的大量水分对分析工作也是一种严重的干扰因素。现在，微量分析鉴定技术的迅速发展已经使他们有可能对上述微量的物质进行分离和鉴定。在1999年，蚊蝇部的伯尔尼尔与佛罗里达大学合作，采取用手掌揉擦小玻璃珠的方法取样，用气相色谱——质谱分析鉴定汗液中的成分。这种取样方法的优点是既能避免汗液中大量水分对分析工作的干扰，也能消除人体放出的角鲨烯对微量成分的干扰。在2000年，他们又进行了一次补充分析。在两次分析中共鉴定出303个化合物。

为了试验这303个化合物对蚊子的吸引作用，他们设计出一种

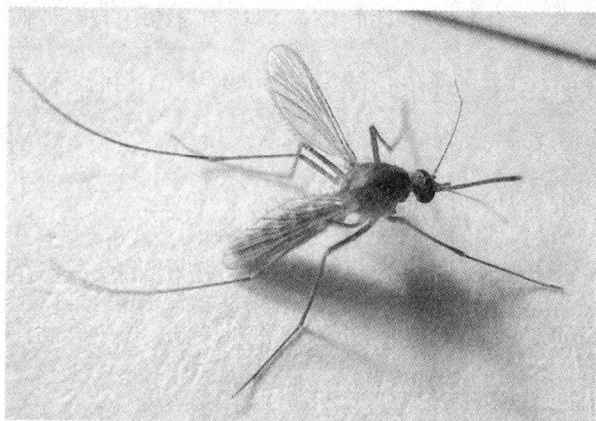

专用的气味测量装置来进行实验研究。在 20 多年前，昆虫研究中心的技术人员就已经发现，当用手触摸玻璃时，留在玻璃上的残留物能吸引蚊子。擦上汗迹的培养血对蚊子的吸引作用能保持长达 6 个小时。他们就用这一种诱饵来代替人的手臂作为标准对每个成分的引诱性能进行比较试验。经过对汗液挥发物成分与含量进行大量的组合匹配试验，他们发现乳酸、丙酮和二甲基二硫醚的混合物对蚊子有特别强的吸引作用。丙酮是人体代谢脂肪时放出的成分。二甲基二硫醚是细菌分解蛋白质时放出的成分。当把这三个成分单独使用时，它们对蚊子只具有中等的吸引作用。例如，乳酸只能吸引不到 20% 的蚊子；与丙酮混合时才能吸引 80% 的蚊子。但是，这也没有超过人的手臂对蚊子的吸引力。二甲基二硫醚是构成引诱剂的主要成分。在二元混合物中加入这一成分后，就变得比一些人对蚊子的吸引力更大。这是在人工配制的引诱剂试验中发现的第一个成功的例子。他们的研究目标是要配制出引诱力更强的引诱剂，让蚊子离开人进入诱捕器来消灭蚊子。根据他们的研究，大多数人身上排出的代谢物成分基本上是相同的，但每个化合物的量则因人而异，变化很大。这也就说明了为什么蚊子在叮咬人时有不同的喜好。但是，目前他们还不清楚这些物质是如何通过相互作用来

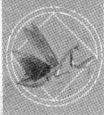

吸引蚊子的。例如，一些化合物在不同的浓度时有不同的吸引作用；在很低浓度时有吸引作用，而在高浓度时其吸引作用并没有增加。随意地把丙酮、乳酸和二甲基二硫醚混合在一起并不是好的引诱剂。因此，想要得到更好的引诱剂还有很多的工作要做。

伯尔尼尔领导的研究小组找到与人体汗液分泌物相当的引诱剂后，他们也就知道了如何寻找驱蚊剂的方法。他们利用在引诱剂中添加别的化合物使蚊子回避的方法找到一种驱蚊化合物。这一化合物能使引诱剂对蚊子的活性减少6%。与美国市场上出售的只有在蚊子接近或接触皮肤时才起作用的驱蚊剂不同，这一化合物使蚊子感觉不到目标物的存在。例如，在空气中释放这一化合物质，再向实验蚊子伸出手臂时，大多数蚊子甚至感觉不到有人的手臂在那里。它们的感觉器官显然是受到了干扰。由于专利权益方面的原因，他们没有报告这一化合物的名称。这一研究成果将有助于灭蚊研究的进展，开发出更多更安全的驱蚊剂。

你知道蚂蚁社会的秘密吗

相信几乎所有人都见过蚂蚁，或许小时候观察过蚂蚁搬家，甚至有人还养过蚂蚁，可是你了解蚂蚁社会吗？我敢说，真正了解蚂蚁社会的人还不多。

别看蚂蚁个头虽小，可是它却可以称得上是世界上最有力气的大力士，它有能力搬动比自身重量重 100 倍，甚至 200 倍的物体。如果遇到体积或重量实在太大，单个蚂蚁无能为力时，它就会发动一大群蚂蚁非常有组织地进行它们的搬运工程。

通过观察研究，科学家们发现单个蚂蚁的表现也许还不能让人感到惊讶，而一群蚂蚁自发组织起来干活的方式则不得不让人拍案叫绝。人们好奇的是，是什么让这群小东西有着如此的组织力量呢？

科学证明，在现代人类还未出现的数百万年前，蚂蚁就在进行着许多社会革新：分工合作、耕种甚至是奴隶制。事实上，这些特征在一些蚂蚁种群中发展到了极致。因此，有观点认为，这种能力的获得与它们数千万年的发展历史不无关系。根据进一步的研究，生物学家们发现蚂蚁通过杂交繁殖实现一个相互依赖的组织系统。正是这种相依性让它们成为一支有组织的力量。

而蚂蚁这种相互依赖的组织系统在执行具体任务过程中又是怎样实施的呢？科学家通过研究后对此作出解释说，蚂蚁在所到之处都会留下一种被称为外激素的化学物质，其他蚂蚁可以利用这些化学物质判断自己的路线是否正确，因为这种物质的浓度越大就表明走过的蚂蚁越多，也就说明是一条比较合理的路线。

再形象一点，蚁群寻找食物时会派出一些蚂蚁分头在四周游荡，如果一只蚂蚁找到食物，它就返回巢中通知同伴并沿途留下"信息素"作为蚁群前往食物所在地的标记。信息素会逐渐挥发，如果两只蚂蚁同时找到同一食物，又采取不同路线回到巢中，那么

比较绕弯的一条路上信息素的气味会比较淡，蚁群将倾向于沿另一条更近的路线前往食物所在地。

其实蚂蚁并不仅仅依靠释放信息激素作为路标，最近科学家又有新的发现。蚂蚁在释放激素不能奏效的情况下，又是怎样利用几何学识途的呢？在蚂蚁社会中，工蚁负责采集食物，在一个险要的环境中，蚂蚁必须懂得给自己定位。毫无疑问，蚂蚁是靠释放信息素来布局食物和路线网的，可是研究者又发现，在信息素网中，两条信息素的岔路的角度都是介于50度到60度之间。科学家猜测这就是蚂蚁识途的真正秘密。科学家通过实验发现，如果岔道角度在0度和120度之间时，蚂蚁就不能够正确识别路线了。看来50～60度之间，就是蚂蚁识途的几何角度。

在"交通"方面，蚂蚁总是能够为它们的货物运输找到最近的路线，即使在道路被意外阻断以后，也能够迅速找到另一条最合适的线路。这就启发了科学家：是不是可以为人类解决目前所面临的一些问题呢？

于是美国科学家立即想到，他们可以根据蚂蚁找食的方式开发出新的电脑计算方法。瑞士人则认为可以根据这种算法，去安排运油车的行进路线；英国电信公司又据此为通信网络内的信号传输安排最佳路线，提高通信效率。

我们一直赞美蚂蚁的团结、协作、勤劳，但是事实上蚂蚁群体也会有偷懒分子。我们知道，蚂蚁有分工，可是竟然有五分之一的工蚁在"工作"上没有尽心尽力，有偷懒的现象。这一结果肯定出乎那些赞美蚂蚁的人的意料。一位日本科学家发现，一群工蚁中总有一些懒散的蚂蚁很少干活或根本就什么也不做。难道工蚁中也有指挥者？科学家的解释却说，也许是他们太老或有与生俱来的惰性。

英国《自然》杂志上发表了芬兰赫尔辛基大学的两名女生物学家闵图·汉诺能和罗塔·松德斯特罗姆的研究报告，在报告中，这两名科学家指出，搞裙带关系不是为人类这个最高级生物所专有，就是人们普遍认为是无私奉献和团结协作的蚂蚁，也表现出这个带有自私味道的品质。

闵图·汉诺能和罗塔·松德斯特罗姆研究了 10 个名叫"斯堪的纳维亚蚂蚁"的蚁群，在每个蚁群中放入基因不同的两个蚁后，让她们产卵和化蛹。这两名生物学家发现，两个蚁后所生卵和蛹成活的数量不同，数量多的是那个与照看这些卵和蛹的工蚁基因相近的蚁后的后代，闵图·汉诺能和罗塔·松德斯特罗姆认为，这是因为工蚁对这些与自己有亲缘关系的下一代更为照顾，看管得更好的缘故，由此她们得出结论：至少"斯堪的纳维亚蚂蚁"的工蚁也搞裙带关系，它们通过这样的手段是为与自己基因接近的下一代能更好地繁殖，使自己的基因传下来。闵图·汉诺能和罗塔·松德斯特罗姆最后断言："裙带关系是种普遍的社会行为。"

蚂蚁"吸血鬼"解开蚂蚁进化之谜

　　琥珀化石显示，蚂蚁至少有 4500 万年的历史。研究表明它们的祖先可以追溯到 1 亿多年前的中生代。随着环境和历史的变迁，躯体庞大的恐龙早已灭绝，而身躯细小的蚂蚁依靠集体的力量生存、繁衍，而今已成为一个鼎盛的王国，其数量在上百万种陆生动物中首屈一指。

　　近日，在马达加斯加发现了一种食肉蚁群落。据科学家的介绍说，蚂蚁是这个世界上进化得最成功的昆虫物种，而这次发现的食肉蚁对于解开蚂蚁进化之谜将起到非常重要的作用。这种蚂蚁长相非常可怕，发现它的人给它取名为"Dracula"蚁，它们在饥饿时会吸取它们自己幼虫体内的汁液来补充营养，这种行为被认为是蚂蚁与黄蜂之间在数百万年前进行的一种进化行为。来自美国加州科学院的布来恩·费舍在马达加斯加首都安塔那那利弗郊外 88.6 千米处的一个烂树桩内，发现了这些食肉蚂蚁。在人类已经了解的昆虫种类中，蚂蚁虽然很弱小，但它们在地球上分布最广，并且在数量上超过地球上任何种类的生物。研究人员想知道到底是什么因素使蚂蚁进化得如此成功。

　　马达加斯加，是非洲东南部海域的一个岛国，由于其相对与世隔绝的生态环境，缺少新物种的竞争，部分较老或者可以说是"遗迹"物种在这里能够幸存下来，所以这个岛国已经被人们看成是一块富有生物信息的珍宝之地。"Dracula"蚁是 1993 年首次在马达加斯加发现的，但这次费舍的发现是首次对这种蚂蚁生活群落的揭示。这将允许科学家们了解到更多的蚂蚁进化细节。费舍认为"Dracula"蚁与早期的黄蜂之间有些必然联系。

在这种蚂蚁群落中，蚁后和工蚁在饥饿的时候，会到洞内的幼蚁室，在它们的幼虫身上打出一个洞，吸取它们的体液，获取养料。费舍解释说，这就是为什么他会给这种蚂蚁起名为"Dracula"的原因，"Dracula"指的是一种吸血鬼。他说："我们认为这是一种非常残忍的自相残杀行为。"他认为，以后对于"Dracula"蚁的研究可以使科学家们掌握更多蚂蚁行为的发展线索。最终使科学家可以重新考虑他们对于蚂蚁进化过程的所有设想。"这些最初的发现告诉我们，目前人们对蚂蚁进化过程的设想是不准确的。这次发现，最重要的事情不是我们找到了一个新物种，而是它对于帮助我们解开生命进化之谜非常重要。"

冬眠断食辟谷的昆虫不会冻结之谜

每当气候渐渐变冷，食物缺乏的时候，许多昆虫就进入冬眠，进行断食辟谷调整机体，减少机体新陈代谢，使其维持在一个比较

低的基础代谢消耗，以期获得更大的生存空间，从而适应变化的内外环境。所以，冬眠现象是昆虫生存斗争中对不良环境适应的一种方法。

昆虫冬眠时，一冬不吃东西也不会饿死。因为冬眠以前，它们早就开始了冬眠的准备工作，用来度过这段困难时期。这些昆虫冬眠前的准备工作很特殊，那就是从夏季开始，便在自己的身体内部逐渐积累营养物质，足够满足整个冬眠过程中身体需要的基础代谢消耗。

但是，和我们人类一样，动物中的鸟兽都是温血动物，那么冷血动物昆虫又是怎样熬过漫长冬季的呢？许多冬眠断食辟谷的昆虫会不会冻结呢？

昆虫学家进行了长期的观察和研究，终于查明了昆虫越冬的部分奥秘。冬天，为了防止汽车散热器结冰，人们要加入防冻液。昆虫竟然也会采用相似的办法，在严寒的冬季保护自己。

在冬天，昆虫要保持活动，不被冻僵是至关重要的。活的组织一旦被冻结，膨胀的冰晶体势必使细胞膜受到破坏，造成致命的创伤。当细胞里液体不足，不能保持维护生命所必需的酶活性时，即使没有完全被冻结，也会造成死亡。那么，昆虫是怎样解决这一难题的呢？它们主要是靠降低体内液体的冰点，从而提高抗寒能力，办法就是产生大量的"防冻液"。

昆虫是怎样制造防冻液的呢？天暖之后又怎样将防冻液除掉呢？为什么要除掉防冻液？这些问题直到现在仍找不到答案。

值得补充的是，科学家们又发现，蛙类也会自制防冻液。在实验室中，科学家们将许多青蛙冷冻起来，5~7天后，再慢慢地使之解冻，这些青蛙解冻后依然活着。经过认真分析和研究，科学家们发现了一种人们在防冻剂中常用的物质：丙三醇。与昆虫相似的是，到了春天，这些青蛙的液体中再也找不到这一物质了。

至今，人们尚未能完全揭开昆虫在内的动物冬眠断食辟谷的奥秘。但是科学家们通过不断探索已经认识到，研究动物的冬眠断食辟谷不仅妙趣横生，而且颇有价值。

揭开蜜蜂高强的记忆奥秘

德国科学家兰道夫·门策尔研究发现，蜜蜂并不是只会劳碌而不会偷闲。更有意思的是，它的记忆力奇好，如果做一件事总有甜头的话，一辈子都不会忘记。门策尔说："蜜蜂晚上大约80%的时间在睡觉，白天也常常飞回蜂房。"同时他介绍说，蜜蜂学知识很快，它拥有5个记忆阶段。像其他动物一样，蜜蜂学知识建立在回报模式的基础上。如果蜜蜂因某一行为得到了一次酬劳，它会记住一个星期。如果做某事获得3次酬劳，它将记忆终生。

分子生物学已证明，蜜蜂身上除了通常的短期、中期和长期记忆阶段外，还有早期和晚期记忆阶段。研究表明，蜜蜂身上的许多分子演变过程与大型动物相似。这些记忆阶段在蜜蜂脑部神经网中

能找到相应的控制区域。

门策尔说，凭着出色的记忆，蜜蜂可以区分许多颜色、图案和香味。实验证明，蜜蜂可以从 50 种甚至更多的气味中准确地嗅出要找的那种。有趣的是，蜜蜂喜欢的气味也是人们所喜欢的沁人心脾的芳香。

为什么异色瓢虫要有这么多的变化

不少昆虫的颜色和斑纹变化很多，通常这些变化有其内在的规律。异色瓢虫是色型变化最多的瓢虫之一，单是鞘翅上目前已知有 100 多种变化，北京曾记录了 50 多种色斑型。我们可按鞘翅的底色把异色瓢虫的色斑型分为二大类：鞘翅底色为黑色的黑色型和鞘翅底色为黄色的黄色型。而前胸背板的颜色也有很大的不同，如有的几乎全黑，或黑色而两侧各有一大白斑，或大白斑里还有一个小黑斑，或浅色的前胸背板上有一个 M 型黑斑，或有四个黑点。对于我国的异色瓢虫，有一个显著的特征可以与其他地域的瓢虫相区分，即它在鞘翅的近端部有一个横向突起，我们称之为横脊。

不同地区、不同时间里，异色瓢虫色斑型的比例是有差异的。

对不同地区的异色瓢虫色斑型研究并进行统计后，我们可以发现不同色斑型的比例在不同地理区域是不一样的。通常在干旱地区浅色型所占的比例较大，深色型所占的比例较小；在湿润的地区，则正好相反：浅色型所占的比例较小，深色型所占的比例较大。同时，时间也是一个影响因子。对于时间的变异有两种情况，一是季节变化，二是较长时间的年间变化。如异色瓢虫，在春季及初夏浅色型的数量增加，而进入夏季后，黑色型开始增多，秋天时浅色型又增多。谈家桢先生及其所在的复旦大学研究小组在分析原因时，认为："很可能是同背景保护色有关，在落叶季节里，淡色黄底型较为适宜，而在夏季绿色植物茂盛时，深色二窗型较难被天敌所发现。"

我们认为作用因子是很复杂的，可能与天敌，雌虫对不同色型雄虫的喜爱，不同型的瓢虫在不同气象、环境条件下活力不同等都有关系，目前尚无满意的答案。当然，所有这些变化主要是为了适应环境，保持种族的兴旺发达。

异色瓢虫是中国分布最广的瓢虫之一，我国除广东南部、香港没有分布外，其他地区均有分布，国外的自然分布为日本、俄罗斯远东、朝鲜半岛、越南，并引入到法国、希腊等欧洲国家和美国，

最近还在南美的巴西有记录。异色瓢虫称得上是一种"超级杀手"，它能捕食多种蚜虫、蚧虫、木虱、蛾类的卵及小幼虫等，此外它还能捕食其他瓢虫。我国曾用异色瓢虫防治松树的大害虫——日本松干蚧，取得了良好的效果。近几年，北京市农林科学院植物保护环境保护研究所与香山、天坛、北海等公园开展释放异色瓢虫、七星瓢虫等天敌，捕食园林树木上的蚜虫等小昆虫的活动，效果不错。国外还培育出无飞翔能力的异色瓢虫，应用在温室或稻田，这是因为许多释放后的成虫会飞走。

中华单羽食虫虻为什么被称为昆虫中的魔鬼

中华单羽食虫虻又称中华盗虻，是一种大型食虫虻，也是我国常见的食虫虻，日本、朝鲜等国也有分布。成虫捕食性，可捕食许多类昆虫，如半翅目的蝽、鞘翅目的隐翅虫等。这类昆虫身体强壮、飞行快速，常常停休在草茎上，看到飞行的猎物时飞冲过去，用灵活、强大有力而多小刺的足夹住猎物，即使是强大的甲虫，也常常无法逃生。因此，食虫虻除了身体强壮、飞行快外，还得有良好的信息接收系统，即视力要好。它具有大而亮的大眼睛。视力如此重要，强大的保护是必须的。为了防止猎物挣扎而损伤眼睛，食虫虻复眼的周围特别在前方长有众多粗大的刚毛，就是为了保护眼睛不被伤害。捕捉到猎物后，它们用消化液注入到猎物中，把猎物消化成液体后再吸入。

食虫虻的这些特性，使它们成为昆虫世界中的魔鬼。人们在一些恐怖片、电子游戏中也常用它作为模型来塑造角色。图中所示的是一只雄性中华单羽食虫虻捕食斑须蝽。有些雄性食虫虻甚至会把猎物作为"彩礼"送给雌性，期望得到雌性的青睐。

昆虫伪装之谜

在树叶中大家看到了什么？那是一只虫子吗？没错！它的名字叫做叶虫，是一种内地少有的珍稀昆虫，白天隐藏在树叶间，晚上才出来活动。这是一只长得酷像树叶的虫子，飘飘荡荡地随树叶掉在地上，却突然跑了起来，这才暴露自己使人们发现了它。这就是

它保护自己的方式。

猫头鹰蝶，身材苗条，却拥有恐惧的长相。看，在它两个后翅的中央有两个大圆点——眼斑，十分醒目，就好像猫头鹰两只炯炯有神的大眼睛一样，令其他动物逃之夭夭。

竹节虫算得上著名的伪装大师，当它栖息在树枝或竹枝时，活像一支枯枝或枯竹，很难分辨。有些竹节虫受惊后落在地上，还能装死不动。竹节虫行动迟缓，白天静伏在树枝上，晚上出来活动，取叶充饥。

双尾舟蛾的幼虫体长3~4厘米，在通常情况下，根本看不见那红色的环状物，只有在受到惊吓时，才将平时藏而不露的红色斑块显露出来，高高举起双尾，伪装成一种可怕的样子，犹如一头小老虎，从而使其他动物惊恐逃走。

在漫长的生物进化史中，昆虫适应了自然环境的变异和选择，而其中有一部分昆虫，就利用了自身的优势，靠这种以假乱真的"伪装"来保护自己，这就叫做拟态。在日常生活中，你还能发现什么拟态现象吗?

有些食蚜蝇为什么不食蚜虫

食蚜蝇是常见的天敌昆虫，以幼虫捕食蚜虫而著称。但实际上，还有不少食蚜蝇种类，它们的幼虫并不捕食蚜虫，而是植食性的，幼虫在植物体内取食植物的组织；或者是腐食性的，幼虫以腐败的有机物或禽畜粪便为食。即使在捕食性食蚜蝇中，也可以其他昆虫为食，如捕食鳞翅目的幼虫、叶蜂幼虫，或甚至捕食其他的食蚜蝇幼虫。

食蚜蝇成虫腹部多有黄、黑斑纹，不少种类有明显的拟态现象，往往被误认为蜂。蜂很强大，腹末有刺，不好惹；食蚜蝇由于像蜂，从而起到了保护作用。但如果我们仔细观察一番，不难区分。食蚜蝇属于双翅目，即体上只有一对翅膀，而蜂类属膜翅目，体上有二对翅膀；食蚜蝇的触角短，而蜂类触角较长；食蚜蝇的后足纤细，而常见的蜜蜂等蜂类有比较宽阔的后足，用以收集花粉。对于熟悉食蚜蝇的人来说，即使在飞行中也可以看出它们与蜂类的不一样来：食蚜蝇在飞行时，能较长时间悬定于空中某一点，后突然飞到附近另一点，飞行动作平稳，而蜂类飞行时常常有轻微的左右摆动。

羽芒宽盾食蚜蝇体粗壮，长 11 ~ 16 毫米，复眼黑色而有条状斑纹。从外形看，它类似于常见的熊蜂，身体粗壮而多毛。这种食蚜蝇分布很广，从辽宁到广东，从台湾到云南均有分布；也分布于东南亚、日本、朝鲜、俄罗斯等地。

昆虫危害篇

昆虫之谜

什么是害虫

我们常常可以看到这样的陈述："世界上玉米有 200 多种昆虫为害，榆树上有 650 种害虫，栎树上有 1400 种害虫……"把植食性昆虫列为害虫，从生态学、经济学上来说均是不科学的。农作物、植食者、肉食者三者之间存在着极其复杂的关系。植食者取食农作物，由于其数量多少不一，对农作物的影响也不一样；同时，农作物对植食者取食的反应也不同。

一种昆虫的有益还是有害是相当复杂的，常常因时间、地点、数量的不同而不同。我们易把任何同我们竞争的昆虫视为害虫，而实际上只有当它们的数量达到一定量的时候才对人类造成危害。如果植食性昆虫的数量小、密度低，当时或一段时间内对农作物的影响没有或不大，那么它们不应被当做害虫而采取防治措施。相反，由于它们的少量存在，为天敌提供了食料，可使天敌滞留在这一生

境中，增加了生态系统的复杂性和稳定性。在这种情况下，应把这样的"害虫"当做益虫看待。或者由于它们的存在，使危害性更大的害虫不能猖獗，从而对植物有利。

当一种昆虫对人类本身或他们的作物和牲畜有害时，就被认为是害虫。即使是害虫，也不一定要采取防治措施，特别当防治成本大于危害的损失时。在计算成本时，不但要包括直接成本（如农药、人工等费用），也应包括那些有害农药对环境、人类的伤害代价。

蚊子是如何传播疾病的

蚊子有吸血的蚊种，也有不吸血的蚊种，在吸血的蚊种中，雄蚊不吸血，只有雌蚊吸血，吸血的蚊虫与人类的许多疾病有关。它为疟疾、流行性乙型脑炎、丝虫病等病菌提供了第二生活基地，是传播疾病的元凶。

蚊子怎样为疾病提供第二生活基地传播疾病呢？吸血的蚊子必须叮咬人体才能吸到血，当蚊虫叮咬了那些患了疟疾、乙型脑炎或其他病的病人时，一些能够引起上述疾病的物质——病原体，随着人血进入蚊虫体内寄居起来，当这些带着病原体的蚊虫再去叮咬健康人时，寄生在蚊子体内的病原体又乘机钻入健康人血液里，致使健康人生起病来。而且蚊虫的繁殖力极强，吸血的雌蚊每吸一次血就产一次卵，一生中要产卵几次至十几次，每次产卵可多至 200～300 个。卵则以几天为一周期完成孵化、幼虫、蛹到成虫的发育过程。所以蚊虫传播疾病是非常厉害的。

蚊虫传播疾病是各有分工的，有的按蚊传播疟疾，有的库蚊传播丝虫病，有的库蚊则传播流行性乙型脑炎。有时，一种疾病由好几种蚊虫传播，如传播流行性乙型脑炎的，有三带喙库蚊、环带库蚊、致倦库蚊、中华按蚊等。而某些蚊虫"身兼数职"，可以兼传好几种疾病，如中华按蚊除了传播疟疾外，还能传播丝虫病和乙型脑炎。

人类对蚊子的危害早就采取过多种防范措施，对蚊虫实行化学灭蚊、生物灭蚊和基因工程灭蚊三管齐下，已基本消灭了一些危害人体健康的蚊虫。

锥虫和舌蝇会让人们"一直睡下去"

在非洲的维多利亚湖畔，曾流行过一种奇怪的病——嗜睡症。患者的症状表现为全身发热，整天昏睡不醒，最后极度衰竭而死亡。这种"嗜睡病"流行速度非常快，在非洲的一些村镇曾夺去了数十万人的生命。后来人们经过研究才发现，这种"嗜睡症"的传

布者是一种微小的原生动物——锥虫和一种叫舌蝇的昆虫。锥虫长约15~25微米，身体非常小，外形像柳叶，寄生在动物的血液中。它有两个寄主，一个是舌蝇，一个是人。感染上嗜睡病锥虫的舌蝇，通过叮咬人体，锥虫经体表进入人体血液中，并从人的血液中吸取营养而继续长大，当它发育到一定程度时，将沿着人的循环系统侵入脑脊髓，使人发生昏睡，因此这种锥虫又叫睡病虫。

锥虫和舌蝇一类吸血昆虫不仅在非洲传布"嗜睡症"，在世界别的地区还传布各种疾病。在中国，锥虫与牛虻、厩腐蝇传布一种危害马、牛和骆驼的疾病，使这些牲畜消瘦、浮肿发热，有时突然死亡。

锥虫名声极为不佳，它寄生在各种脊椎动物中，从鱼类、两栖类到鸟类、哺乳类的马、牛，甚至人，都有锥虫的寄生，它甚至用不着与舌蝇之类的昆虫合作，便可直接感染各类寄主，但愿这种"害群之虫"早日被人类征服，断绝这类疾病的传染途径。

病媒昆虫会给我们带来哪些危害

在日常生活中，人们经常会受到一些昆虫的骚扰或叮咬。夏季最令人厌恶的是主要孳生于垃圾、粪便的各种苍蝇，尤其是家蝇，食性杂，边吃、边吐、边拉，同时体表常常携带各种传染病病原体，它们到处飞落，经常会造成对人们食物的污染，引起肠道传染病的传播。到了多雨潮湿的季节，常常有大量的蚊虫孳生，白天叮咬人们，干扰正常工作；夜间叮咬人们，影响正常的休息和睡眠。有些昆虫，例如蟑螂、棕黄蚂蚁，长期居住在人们家庭环境内，一年四季骚扰人们的日常生活即使是在闲暇的假日里到野外出游时，也难以避免被昆虫叮咬，甚至蜇伤。

危害人类健康、骚扰人们正常生活的昆虫叫病媒昆虫。病媒昆虫主要种类可分为 13 大类：在日常生活中有些是常见的，例如蚊子、苍蝇、蟑螂、蚂蚁；有些是随着我们生活水平、环境卫生不断改善，目前在现代城镇家庭生活中比较少见的，例如虱子、跳蚤、臭虫；经常外出郊游的人旅游到郊外尤其是到山林地带，常会被小咬叮咬、被虻蜇伤，遇到蜱、蚋、白蛉等。小咬即是病媒昆虫种类中的蠓，蠓被人俗称为小咬、墨蚊或糠皮子。

病媒昆虫对人类的伤害可分为直接伤害和间接伤害。直接伤害包括吸血骚扰，蚊、蚋、蠓、虻等吸血昆虫叮咬人体引起痛痒、过敏、皮肤红肿甚至皮肤溃烂、全身性炎症反应；间接伤害是指病媒昆虫作为病源微生物的传播媒介传播各种传染病。例如疟疾、流行性乙型脑炎、登革热等疾病是通过被蚊子叮咬传播；黑热病、白蛉热、皮肤利什曼病是通过被白蛉叮咬传播；蚤可传播鼠疫；蚤、虱可传播伤寒；蜱可传播森林脑炎；苍蝇、蟑螂可传播痢疾、霍乱等等。

参天大树为何敌不过针头小虫

"蚍蜉撼树"是一句成语，说的是小小的蚂蚁竟想撼动参天的大树，这不是很可笑吗？因此有了韩愈这样的诗句："蚍蜉撼大树，可笑不自量。"但美国东部铁杉受到一种小虫的为害，引起了广泛的关注。因为这种名为东部铁杉的树是美国东北部最为重要的森林及园林观赏树种之一，一般能活四百多年，也有九百多年的树龄记录，因而有"东部红松"之称。由于它的重要性，宾夕法尼亚州把它选为州树。1985 年有一种叫铁杉球蚜的小虫（国内有的直译为羊毛虫）开始成为美国东部铁杉上的重要害虫，最短可在四年内使参天大树死亡，严重影响了当地的生态环境。

铁杉球蚜最先于 1924 年记录于美国西部，寄生在当地的铁杉上，对铁杉并没有造成危害。随后日本、台湾也发现了这种小虫。当这种小虫传播到美国东部时，东部铁杉对这种小虫没有抗性，又缺乏有效的天敌，球蚜的数量大增，引起大量的铁杉死亡，而且疫情逐年扩大。目前普遍认为，这种球蚜是从亚洲传入的。因此美国的有关科研单位设法从亚洲如日本、中国（云南、四川、陕西、台湾）、尼泊尔等地寻找有效天敌，引入到美国以期控制铁杉球蚜，这就是采用我们常说的以虫治虫的生物防治方法。

在我国，铁杉通常分布于崇山峻岭之中。目前已知铁杉球蚜在四川西部海拔 3500～3800 米及云南西北部海拔 2500～3000 米的中山地带和陕西南部海拔 1700～1900 米左右的铁杉上有发生，广西猫儿山的铁杉林未见这种球蚜。铁杉球蚜在一些幼树上大量发生，而对生长影响不大，未能成为害虫，同时有大量的天敌存在。我们在这些地区进行了广泛深入的调查，目前单是瓢虫已采到 60 多种，其中科学上的新种有 25 种之多。3 种小毛瓢虫已输入美国，其中的波结毛瓢虫和宁陕毛瓢虫在美国饲养成功，目前已在美国野外释放。

天幕毛虫是怎么危害绿叶的

天幕毛虫有时数量很多，常常在桃、红叶梨、山楂、杨、柳等多种树木上发生。但对于这些树的危害如何尚不是很清楚。据观察，在市区内通常不会把树叶吃光，因为有很多天敌包括各种鸟类会取食、寄生它们，有时还会发生病毒病，从而降低它们的数量。

天幕毛虫以卵越冬，成虫产卵于小枝上，绕成一圈（像缝衣服的顶针，故又名顶针虫）。孵化后的小幼虫聚集在一起，还一起做一个网幕，小幼虫集体待在网幕内或网幕上面。因此在北方，每年 4 月中旬之前寻找成群聚集在一起的幼虫，人工铲除，或剪掉小枝

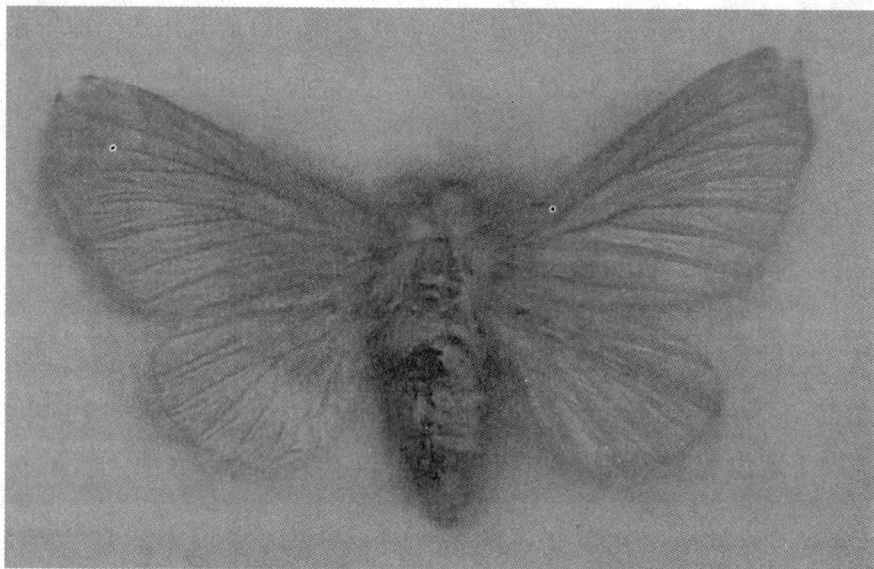

上的卵块，可起到很好的防治效果。

为什么说槐尺蠖是国槐的灾星

　　槐尺蠖是国槐的主要害虫，不合理的化学防治使这种害虫的危害越来越严重。不少地方出现年年防治，年年大发生。有时一年中，槐树叶被槐尺蠖吃光二三次，最后树势衰弱，对其他害虫和病菌的抗性减弱，可导致树木的死亡。这些树可谓是被人治死的。槐尺蠖以蛹在很浅的松土（3～4厘米）中越冬。因此每年只要在4月底前在去年大发生的树下挖蛹即可。你或许会提出这样的疑问，多麻烦呀，效果如何？人们曾在一张 A4 纸大小的面积上，挖出了

29 头蛹。如果按雌雄性比1:1和每雌平均产卵400粒算，这样几分种时间便可消除5800粒卵或幼虫。

黄刺蛾是树下活动的妨碍者吗

刺蛾幼虫又名洋辣子，它的身体上有枝刺，有毒，触到人体皮肤会引起皮肤红肿和剧烈疼痛。因而多数人对这类昆虫没有什么好感。如果我们常常要在树下活动，那么树上最好没有这类昆虫，或使它们的数量较小。多数刺蛾以老熟幼虫在茧内越冬，有些种类结茧在树的小枝、树皮上，有些在土下，这是种的特性。我们可以在5月前从树枝、树干及松土中寻找茧，并进行处理，从而降低它们的数量。

"会飞的花"——斑衣蜡蝉是怎么危害树木的

斑衣蜡蝉这种昆虫在生长中，体色变化很大。小若虫时，体黑色，上面具有许多小白点。大龄若虫最漂亮，通红的身体上有黑色和白色斑纹。成虫后翅基部红色，飞翔时很鲜艳。成虫、若虫均会

跳跃，在多种植物上取食活动，最喜臭椿。分布于北京、河北、山东、江苏、浙江、陕西、广东、台湾、四川等地。本种昆虫是一种药用昆虫，虫体晒干后可入药。

斑衣蜡蝉的成虫很漂亮，但有时数量很多，使人不快。斑衣蜡蝉以卵块越冬，在臭椿的树干上特别多，有人曾统计了一株臭椿树干一米以下的卵块数，共有 23 块，如果按每块 40 粒卵计算，则共有 920 粒卵。因此，要减少斑衣蜡蝉的数量，每年 5 月前在绿化树木上寻找一下它的卵块，并把卵块压破即可。

吞噬榆叶的罪魁祸首是榆叶甲吗

榆树是一种乡土树种，深受人们的喜爱。但由于榆叶甲（金花虫）发生量较大，个别北方城市甚至放弃了它作为城市的绿化树种。榆叶甲对榆树的危害到底有多大，值得深入研究。举个例子，2000 年 6 月，北京的榆树差不多均被榆蓝叶甲和榆黄叶甲吃得光光的。这可能与当年的降水情况有关。2000 年 6 月底前，北京的降水量很少。但 7 月上旬的一场大雨，一周后的榆树马上恢复青春，枝繁叶茂。

有时榆叶甲会飞入民宅中以度过炎热的夏天，从而使人讨厌。因此我们可利用它群集化蛹的特性，在 6 月份把榆树的枝叉、树干上的蛹清除。

怒放的月季与"害虫"蚜虫有什么关系

对于栽培植物，如农作物、园林植物等，我们特别关心，希望没有昆虫在上面取食。因此我们也常常去观察、去调查，如果发现有

昆虫，就要采取防治措施。这是基于这样的想法：一是有虫生发就会对植物造成危害，二是我们有能力把它们消灭。因此常常可以看到这样的现象，有虫打药，没虫也打药。所谓"有虫治虫，没虫防虫"。总之，要把昆虫统统打掉。结果是污染环境（包括农产品中农药残留）、害虫抗药性增加和害虫更猖獗，从而问题越来越难以解决。

对于园林植物也是如此，有些城市还制订技术规程，如植物体上害虫出现率不能高于10%，否则考核时这项指标的得分低于59分（不及格）。如果一株树上没有所谓的"害虫"，一是不可能，二是不正常。从管理上说，这种指标不科学，也没有必要。

比如说，我们种植月季是为了净化、美化环境。夏季的月季怒放，百花争艳，我们无不为之叫好。但走近仔细观察，花蕊上有很多蚜虫。按通常的做法，应喷药防治。但我们已经看到，没有防治，月季花照样开放。有了蚜虫，就有天敌在上面繁衍生活。花蕊及花茎上有很多白色小棒，这就是草蛉的卵。它们孵化后（幼虫称为蚜狮），可捕食蚜虫。人类有时常常是"好心办坏事"。

为什么称日本大黄蜂是世界上最暴力的昆虫

它只有你的大拇指那么大，但是会喷出腐蚀皮肤的毒液。你可以想象异形里面那些怪物的口水体液，恶心吧？要是那些毒液射到你的眼睛里，不用说，你也知道后果如何。这种毒液还会引来附近其他的毒蜂，它们会追着你叮，直到你挂掉。跑不就行了吗？呵呵，很抱歉地告诉你，这种蜂一天可以飞 5080.5 千米。而且，四处都可能有这种毒蜂出没，包括东京外围。

每年大概有 40 人死于毒蜂针下，死状都很惨。这就是史上最暴力的昆虫——日本大黄蜂。

日本大黄蜂是世界上个头最大的黄蜂，蜜蜂、其他种类的大黄蜂以及像螳螂一样的较大型昆虫都无法与日本大黄蜂相比。日本大黄蜂对敌人绝对是残酷无情，它们的针刺巨长，达到 6.35 毫米，排出的毒液是一种腐蚀力极强的酶，能够分解人体组织，素有"来自地狱的大黄蜂"之称。

欧洲蜜蜂是日本大黄蜂最喜欢攻击的目标，由于欧洲蜜蜂产蜜量大，所以 50 年前，日本蜂农引进了这一品种。可是由于它们不是日本本地产的品种，没有防御日本大黄蜂攻击的能力。一旦一只进行巡逻侦察的大黄蜂发现了蜜蜂巢穴，它就会在蜜蜂巢上做上记号，这是一种被称为信息素的体内化学物质，这样它就飞回去召来援兵进行攻击。不一会儿，几十只日本大黄蜂就会飞来，它们的个头是欧洲蜜蜂的 5 倍。

令人替欧洲蜜蜂着急的是，它们不会群体作战，而是一对一与日本大黄蜂决斗，结果可想而知。欧洲蜜蜂绝对不是日本大黄蜂的对手，日本大黄蜂只需一口就能把欧洲蜜蜂的头咬掉，一只日本大黄蜂可以在一分钟里杀死 40 只欧洲蜜蜂，30～40 只大黄蜂在不到 3 个小时内就可以消灭 3 万只欧洲蜜蜂，速度令人惊讶。当所有的

欧洲成年蜜蜂被消灭后，它们的幼虫就会成为大黄蜂下一代的美食。

但是日本本土生长的蜜蜂却不怕大黄蜂，比起日本大黄蜂来，日本蜜蜂是一种小型蜂，针刺也短得多，如果一对一作战，蜜蜂肯定不是大黄蜂的对手，但它们有自己的绝招，就是用"热球"焐死大黄蜂。一只日本大黄蜂侦察到日本蜜蜂的巢穴后，也会在上面做记号，但日本蜜蜂能够探测到敌人的到来，严阵以待，当大黄蜂再次飞来进行袭击时，于是群起而攻之。大约会有 500 只蜜蜂把一只大黄蜂团团围住，形成一个紧密的圆球，蜜蜂并不用针刺攻击大黄蜂，也不用嘴咬，而是不断振动自己的飞行肌发出热量，圆球中心的温度 5 分钟就上升到 47℃，这正好超过了大黄蜂对热量的承受极限，那就是 44℃～46℃，大黄蜂 20 分钟后就被热死，但这个温度不会伤害到日本蜜蜂，因为它们的承受上限是 48℃～50℃。仅仅是 4℃之差，就让日本蜜蜂在残酷的战争中胜出，战胜日本大黄蜂。

除了日本本土蜜蜂，凤头蜂鹰也找到了一种对付日本大黄蜂的绝招。凤头蜂鹰会在每年夏天从印度和菲律宾迁徙到日本的山林，这里天气较凉爽且食物充足，雄鹰和雌鹰都全力喂养雏鹰，它们在林中四处搜寻食物，包括蜥蜴、蛇、青蛙等。夏天，是雏鹰发育的关键时期，虽然青蛙可以用来喂雏鹰，但成鹰通常会把部分肉块摆在雏鹰够不着的地方。这是凤头蜂鹰利用青蛙肉做饵，要扑杀的对手是日本大黄蜂。因为凤头蜂鹰已发展出抵御大黄蜂螫咬的秘招。

一只侦察蜂发现肉块后忍不住带一些回巢，凤头蜂鹰便尾随而去。日本大黄蜂可以释放出毒液令凤头蜂鹰身受重伤，甚至死亡，但凤头蜂鹰一现身，蜂群就立刻骚动起来。它们并未发动攻击，原因可能在于凤头蜂鹰的羽毛，凤头蜂鹰的羽毛内含有天然的驱蜂剂。但究竟如何分泌，至今仍然是个谜。

凤头蜂鹰不能停留太久，必须把握时间，尽可能搜刮大黄蜂的幼虫。搜刮到后，它们将迅速把这些幼虫带回自己的巢穴，喂养雏鹰。大黄蜂的幼虫富含蛋白质，对雏鹰的成长非常有利。

为什么法老蚁被称为"城市杀手"

作为与蟑螂、老鼠并列的，世界上最难对付和最难消灭的家庭害虫之一，法老蚁已经臭名昭著，它们不仅偷吃食物，还把食品弄脏，并传播诱发多种疾病的细菌和病毒，其中包括脊髓灰质炎和链球菌及葡萄菌传染病。它们甚至出没医院，钻到病人的绷带下，严重危害病人健康，因此人们还将它们叫做"杀人蚁"、"城市杀手"。

在150~200年之前，欧洲的城市居民根本就没想到世界上还有这样一种昆虫。在19世纪中叶，情况发生了变化。通过海上的帆船商队，接着是汽轮机船队，这些小蚂蚁辞别自己的故乡，来到了英国。从这时起，法老蚁同火车、汽车、飞机上的商品一起开始了全球大进军。2000年10月间，数以亿计的法老蚁经由远东入境

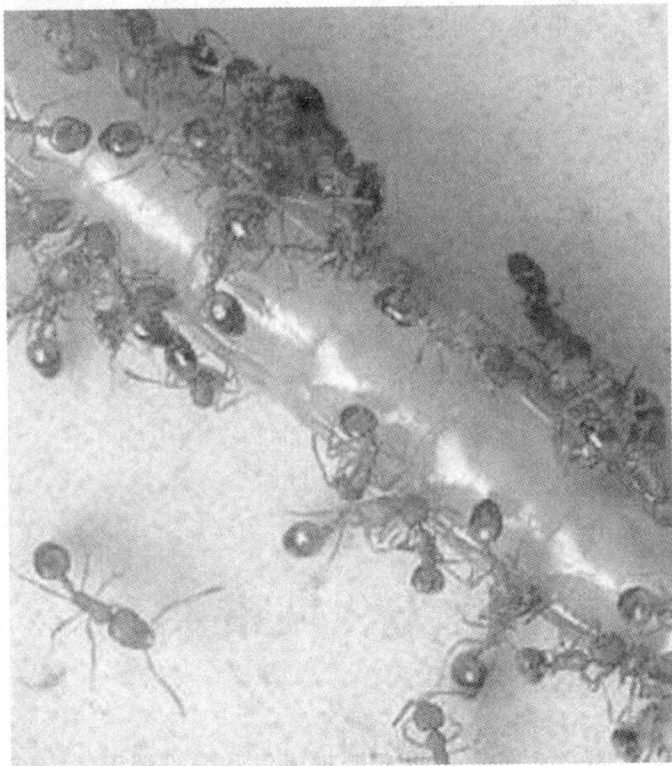

的水果箱来到德国柏林；2001 年 6 月间，这些小家伙搅得中国河南省省会郑州的居民寝食不安。由于持续的高温干旱，法老蚁的繁殖速度加快。人们晚上睡觉时觉得浑身发痒，只得起来逮它们，不过这回不是随水果箱来的，而是从北非通过建筑材料传入中国的。至此，法老蚁已遍布全球。

一住进楼里，这些家伙就给主人们带来诸多的不便。除了肉和奶制品外，它们还吃植物油、粮食、糖、牙膏、肥皂甚至鞋油。它们能成功地吃掉其他的昆虫，还进攻蜂巢，吃掉蜂蜜、幼虫和蛹。法老蚁的身体耐性强得惊人，它们可以连续 8 个月不吃不喝。

法老蚁在选择巢穴方面显示出难以想象的忍耐力：除了对黑暗、温暖和潮湿有一定的要求外，它们已经提不出其他的任何条件。它们从来不筑巢，在供暖楼房的地基上找一个砖和水泥块之间凹槽处，或者墙与地板间的一条裂缝就可以栖身。在很少搬动的纸箱、窗台板下或者家具里经常能找到蚂蚁巢。法老蚁对厨房、副食店和仓库就更感兴趣了。肉、糖、水果……在这里它们可吃的东西真是应有尽有！无论巢位于哪里，法老蚁总是能找到通向食物的路。它们是凭着气味找到那条用眼睛看不到的路，这些路四通八达，长达几十米或几百米。小巧的身材、结实的嘴，使这种诡计多端的昆虫能到达任何的地方。无论是塑料袋还是冰箱的门，都难以成为它们通向食物道路上的障碍。在医院的外科器械、滴管甚至封着的绷带箱子里都能看到它们的身影。

它们引起了世界的关注。就连文学作品中也描写过这些扰人的家伙。美国著名作家威廉斯·萨罗扬曾写过一篇名为《蚂蚁》的短篇小说。文中写道："如果没有蚂蚁，人们住在楼房里该有多么惬意。它们到处乱爬，在你搬到新家的第一个早上就会出现在你的身上、食物上，爬得到处都是……它们在你的衣服里钻来钻去，混杂在你的头发里，甚至爬进你的眼睛。最初我们总是想抓住它们，甚至想用水淹，用脚踩，但很快就明白，这一切都徒劳无益，于是只能由它们去了：让它们爬去吧，想怎么样就怎么样……"

"法老蚁"这个名字也很有意思，借用了古代埃及国王的法号。它是由瑞典博物学家、伟大的自然科学家卡尔·林耐起的，他在描写这个产自埃及的蚂蚁种类时认为，这些四只脚的家伙所造成的灾难是圣经中埃及所受的诸般惩罚之一。鉴于法老蚁对人类的危害，各国科学家都致力于寻找消灭它们的办法，但遗憾的是，问题至今尚未解决。杀虫剂只能消灭部分工蚁，不能伤及躲藏在巢穴里的蚁

王和幼蚁等。

　　人类为保卫自己的食品，在同蚂蚁的斗争中不知使用过多少计谋。最有效的办法是把食品放在密封的罐子里。也可以把餐具和箱子都抹上凡士林和其他不易挥发的药膏，或干脆把桌子脚放到盛满水的盘子里。遗憾的是使用这些办法显然很不方便，不宜广泛采用。于是人们还得采用同这些令人讨厌的家伙作斗争的最基本的方法：找到蚁巢，用开水浇或者用杀虫剂喷。但找蚁巢本身就不是一件容易之事，必须像一名侦探那样跟踪蚂蚁的行踪，探明从食物源——糖罐一直到蚁巢的整个路程。但有时它们最后的足迹消失在通风口或主体墙那些不易察觉的裂缝等你根本够不到的地方。即使幸运地找到并消灭了这个蚁巢，也不能保证它是你房间里的唯一的一个，更何况整个楼房。这些棕色的食客还可能顺着如电线这样的途径重返你们家。如果找不到蚁巢，可以试着使用毒饵。这种方法的优点在于蚂蚁自己就可以把毒药带到巢里，而且也不必把毒饵放得满屋都是。但这种方法需时太长。

　　值得注意的一点是，所有的蚂蚁对放射地带都很敏感，只要放射幅度稍稍提高，它们就在这个地方待不下去。如果你不能摆脱这些不请自来的"房客"们，至少可以说，有放射性环境的房间里会一切正常。但这对人类是否也意味着慢性自杀？所以我们只能继续与这些小家伙奋战，剩下的就指望科学家们发现能抵御蚂蚁进攻的更有效的办法了。

昆虫对户外活动的人有什么危害

发生在森林、草原、河谷、荒漠等偏僻地区的一些自然疫源性疾病如森林脑炎、新疆出血热、蜱传回归热、恙虫病、北亚蜱传热、野兔热、Q 热、鼠疫等，主要是老鼠、野兔、旱獭和家畜等动物的疾病。当人们进入这些疾病的流行区之后，由于不慎，可能会感染得病。这些疾病的流行区一般有一定范围。如新疆出血热病主要发生在半荒漠的胡杨林地区。森林脑炎，仅在森林和草原才有，而且主要是在东北长白山和俄罗斯远东地区的杉树、松树、桦树、杨树等针阔叶混交林地带，以及新疆天山林区和前苏联中亚地区的雪岭云杉树稀疏，而灌木丛和杂草很密的山地阴坡。又如恙虫病，主要发生在云南、广西同越南接壤的山岳丛林地区，以及澜沧江、元江、金沙江、怒江及其支流的河谷地带。这些地方性动物传染病的发病时节也有严格的季节性。如新疆出血热于 4 月下旬至 5 月中旬发病较多；蜱传回归热主要在 4～8 月最多；森林脑炎多在 5 月底至 6 月下旬发生，其他季节则很少发病甚至没有。恙虫病多在夏秋季节发生，在云南以 8 月为最多；北亚蜱传热也主要在 5～6 月流行。

这些疾病的传染途径主要是由昆虫传播给人类，它们在叮咬发

病的动物后，再叮咬人时，就会将病原体注入人的血液而发病。在青藏高原的某些地区，许多人得野兔热和鼠疫主要是由于在疫区狩猎野兔引起的。因此，在上述地区，应采取措施防蚊虫叮咬，禁止疫区狩猎。

人们常常听到许多关于热带丛林中毒蛇猛兽的种种恐怖传说，但这些传说大多是夸大其词或完全虚构的。曾长期在热带丛林作战的英军"汉普郡"团上尉菲布斯在《马来亚丛林中的游击战》一文中写道："马来亚有很多种毒蛇。我亲眼看见过不少，但从未听说谁被蛇咬伤过的事。野兽见了人就逃避，因此我们很难见到它们，但可以听到野兽的叫声。"正是这些夜间动物的吼叫和关于毒蛇猛兽的传说，给军人心理上造成很大影响。然而，热带丛林中真正的危害却是来自昆虫，其中许多昆虫可传播疾病使人生病。1941年6～7月，国民党远征缅甸的军队，在撤退途中，因丛林中蚂蝗、蚊虫的叮咬而引起的破伤风、疟疾、回归热等传染病使数万名士兵丧命。仅以第五军为例，军直属部队共计 4.2 万人，战斗仅伤亡7300 人，而死于疾病的就达 1.4 万余人。

热带丛林中传播疾病或病原体的昆虫主要有：蚊、蠓、牛虻、蚋等。

为了防止昆虫的叮咬，野外人员应穿长袖衣和长裤，扎紧袖口、领口，皮肤暴露部位涂搽防蚊药。不要在潮湿的树荫下和草地上坐卧。"不怕蚊虫闹得欢，野艾野蒿一缕烟。"宿营时，可烧点艾叶、青蒿、柏树叶、野菊花等驱赶。

蝗灾有什么可怕的危害

1986 年 9 月，在鹿儿岛县的马毛岛突然发生了蝗灾。有上万只蝗虫在空中飞来飞去。报道称，要是它们渡海去的话，或许会危及相距 11 千米以外的种子岛的绿色植物。

蝗虫达到遍布草原的程度还能接受，但如果被蝗虫团团围住的话，大概很多人会感到毛骨悚然吧。因此，自古以来蝗灾就被视为异变的前兆。

在日本发生蝗灾的蝗虫种类是大型的欧亚飞蝗，和中国大陆的一样。欧亚飞蝗一般呈绿色或淡褐色，当它在草丛中时，就会起到保护色的效果，很难被发现。

这些欧亚飞蝗单独生活，属于"散居相"类型，而昆虫学家乌巴洛夫证实，蝗虫的形态和体色会随成长而发生变化，这称为"相变异"。蝗虫如果在幼虫时期以集体形式生活的话，就会受到粪便成分的影响，或通过眼睛看，或通过身体相互接触来感受刺激，形态和体色也会随之发生变化。在这种集体生活密度状态下成长的蝗虫，会由"散居相"变成"群居相"。介于这两者之间的还有"转移相"。

转移相的蝗虫也可以人工培育。在多摩动物公园昆虫园里，平

时就饲养着 8000 只左右的欧亚飞蝗，在这里就可以看到转移相的蝗虫。

如果饲养欧亚飞蝗的话，要在饲养箱里放入几百只幼虫，让欧亚飞蝗从幼虫时期开始就处于高密度的生活状态。欧亚飞蝗由于集合性强，又能够长时间飞行，而且在飞行后才达到性成熟，所以产卵期也会延迟。

不管是在马毛岛发生的蝗灾，还是在中国及非洲发生的蝗灾，一开始都没有人认为它们就是由平日里生活在当地的蝗虫演变而来的，所以过去一直以为是其他种类的蝗虫。那么，到底为什么会出现遮天蔽日般多的蝗虫呢？

由近年来蝗灾发生的例子中可发现，在连年干旱之后，就会有蝗灾。由于干旱期只有局部地区才有蝗虫的食草，所以幼虫不得不集体生活。再加上气候干燥抑制了它们的天敌的出现，蝗虫的死亡率也就相应降低。

这样一来，据说每平方千米会有 5000 万只以上的蝗虫羽化为成虫。一群的数量可达几十亿甚至几百亿只，就像云一般覆盖大地，并且向各地流动蔓延。

这种情形在史前就存在，《圣经》上也这样写道：所有的"绿"都消失殆尽，人类的食物被掠夺，很多人饿死。蝗虫一旦变为群居相，似乎连本性都会发生改变。据说，它们会吃平时不吃的植物，还会咬汽车轮胎，或者去袭击老鼠。

直到如今还没有征服蝗虫的办法。当时大家都害怕遭受蝗灾的马毛岛第二年还会有蝗虫卷土重来，幸好后来发生了细菌危害，蝗虫相继病死，马毛岛又恢复了正常。

马毛岛与欧洲大陆不同，是一个面积约 820 平方公顷，周长 12 千米的小岛，四面环海，地理条件与非洲大陆不同，这大概就是细菌有效地杀死蝗虫的原因吧。

哪些蚂蚁会攻击人类

有一种蚂蚁，叫做火蚂蚁。它可以攻击人类、牲畜和庄稼等一切有生命的东西，而且难以防范。在美国，它们每年破坏

的庄稼总价值达到了 10 亿英镑。从 30 年代开始，美国南部地区至今已有 84 人丧命于火蚂蚁的骚扰。

火蚂蚁在进攻时通常采取集体行动，它们反复用身上的刺来攻击同一个目标，如果受攻击的对象是人类或其他动物，他们的身上就会产生像丘疹一样的红点或水泡，同时皮肤也会感觉到火烧般的痛，火蚂蚁就是因此得名。被火蚂蚁咬后除立即产生破坏性的伤害与剧痛外，毒液中的毒蛋白往往会造成被攻击者产生过敏而有休克死亡的危险。

原产于南美洲的火蚂蚁让澳大利亚人深恶痛绝。这种蚂蚁的出现对澳大利亚人喜欢户外活动的生活方式产生了极大的威胁。在被火蚂蚁占领的地区，露营、野餐这类活动根本无法进行，就连坐在后花园里看书都成了一件痛苦的事。

1999 年首次在台湾发现火蚂蚁，截至 2004 年 10 月全岛有 20 个乡镇发现了火蚂蚁。连台北市最热闹的西门町附近，也被发现入侵，火蚂蚁数目超过数万只。由于火蚂蚁繁殖速度很快，并一度造成恐慌，台湾有关负责部门正式将其列为疫情。

怎样对付火蚂蚁？有科学家认为，对付这种外来入侵物种，为何不来个一物降一物呢？美国一位科学家称想出了一个消灭美国南部的巴西火蚂蚁的最好方法，他说除了再从南美引进一批飞虫，用来攻击入侵的红色火蚂蚁外，还有更好的办法吗？而引进外来飞虫会不会引发另外的问题，也许这是这个问题之外的另一个问题。

与火蚂蚁齐名的还有一种叫阿根廷蚁。这种蚂蚁倒不会主动攻击人类，但是经常会剥夺当地原有植物和动物的生存机会。它的入侵势力范围从意大利一直延伸到西班牙西北部海岸，长达 5800 千米，是迄今为止发现的最大的蚁群。据估计，这个蚂蚁帝国至少有几百万个蚁穴，数十亿只蚂蚁。它们是世界上最具进攻性的蚂蚁之一，不仅可以将其他蚁群全部灭掉，还可以吃昆虫和蚯蚓，甚至能爬到树上围攻刚孵出来的小鸟。阿根廷蚁的最大特点是具有合作性，不同蚁穴间的蚂蚁可以结成"合作群体"，从而扩大自己的生存空间，提高种群的竞争力。凭借这一优势，阿根廷蚁已经扩张到世界上的几十个国家。

对于阿根廷蚁，又该如何对付？阿根廷蚁有一个特点，在不断扩张的过程中，它们的基因随之也发生突变，与原来的阿根廷蚁在行为上已经有了很大的变化。不仅如此，专家还发现它们来到欧洲后居然改变了社会结构，形成了巨大的合作群体，在这样一个巨大的蚁群中，许多任务蚁和它们为之效忠的蚁后之间缺少联系，工蚁要养活许多和自己无关的后代，这样就会削弱维系蚂蚁社会最重要的一种精神——利他主义，从而使它走向自我毁灭。看来蚂蚁一旦缺少合作，最终会导致"蚂蚁帝国"的崩溃。

昆虫常识篇

昆虫之谜

为什么说昆虫纲是动物界中最大的一纲

昆虫纲不但是节肢动物门中最大的一纲，也是动物界中最大的一纲。而植物（包括细菌在内）的已知种类为33.5万种左右，只有昆虫种类的1/3。要想知道昆虫的精确种类数是很困难的，因为分类学家们还在不断地发现新种，例如，根据统计，鳞翅目昆虫（蛾、蝶类）到1931年止为8万种，到1934年增至10万种，到1942年已达到14万种。昆虫纲中最大的目是鞘翅目，种类已超过33万种，而其中的象甲总科竟多到6万种左右。

昆虫不但种类多，而且同种的个体数量也十分惊人。一个蚂蚁群体可多达50万个个体。曾有人估计，整个蚂蚁的数量可能会超过全部其他昆虫的总数。小麦吸浆虫发生灾害的年代，一亩地有2592万个之多。一棵树可拥有净10万的蚜虫个体。在阔叶林里每

平方米的土壤中，可有 10 万头弹尾目昆虫。

昆虫的分布面之广，没有其他纲的动物可以与之相比，几乎遍及整个地球。从赤道到两极，从海洋、河流到沙漠，高至世界屋脊——珠穆朗玛峰，下至几米深的土壤里，都有昆虫的存在。这样广泛的分布，说明昆虫有惊人的适应能力，这也是昆虫种类繁多的生态基础。

为什么说鞘翅目是昆虫纲中乃至动物界的第一大目

鞘翅目通称甲虫。属有翅亚纲、全变态类。全世界已知约 25 万种，中国已知约 7000 种。该目是昆虫纲中乃至动物界种类最多、分布最广的第一大目。这个类群的前翅角质化，坚硬，无翅脉，"鞘翅"因此而得名。它们的外骨骼发达，身体坚硬，体型的变化甚大，并且适应性很强；咀嚼式口器，食性很广：植食性——各种叶甲、花金龟，肉食性——步甲、虎甲，腐食性——阎甲，尸食性——葬甲，粪食性——粪金龟。本类群属完全变态，幼虫因生活环境和食性不同有各种形态；蛹绝大多数是裸蛹，稀有被蛹。多数种类属于世界性分布。如步甲、叶甲、金龟甲和象甲科的某些种类；少数种类主要分布于热带地区，至温带地区种类渐少，如虎甲、吉

丁甲、天牛和
锹甲科的某些
种类；个别种
类的分布仅局
限于特定范围，
如水生的两栖
甲科仅分布于
中国的四川、
吉林和北美的某些地区。本目中许多种类是农林作物重要害虫，与
人类的经济利益关系十分密切。

它们体小至大型；复眼发达，常无单眼；触角形状多变；体壁
坚硬，前翅质地坚硬，角质化，形成鞘翅，静止时在背中央相遇成
一直线，后翅膜质，通常纵横叠于鞘甲壳虫翅下；成、幼虫均为咀
嚼式口器；幼虫多为寡足型，胸足通常发达，腹足退化；蛹为离
蛹；卵多为圆形或圆球形。

1. 头部

头壳坚硬，头式一般为前口式或下口式。象甲类的额与头顶向
前极度延伸，形成象鼻状的"喙"，口器生于喙端。触角有丝状、
棒状、锯齿状、彬齿状、念珠状、鳃叶状和膝状等，一般 11 节，
少数 1~6 节。复眼通常发达，圆形、椭圆形或肾形，有的退化或
消失，很少种类具单眼。上唇发达，有的隐藏于唇基下或消失，上
颚多发达，有的种类非常强大，几与身体等长；下颚显著，肉食亚
目的下颚分为外叶和内叶，外叶分两节，呈须状，内叶发达呈叶

状；下唇的颏颊发达，亚颏存在，或与外咽片愈合，下唇须通常3节，少数两节，个别种类不分节。

2. 胸部

前胸发达，能活动，前胸背板自成一骨片，背板与侧板间在肉食亚目中有明显的缝分开，而多食亚目则两者愈合。前胸腹板为一骨片，其上有1对前足基节窝，该基节窝后缘若被骨片环绕，即称为"闭式"，反之则称为"开式"，此特征常用于分类。中、后胸愈合，中胸小盾片三角形，常露出鞘翅基部之间，中、后胸背甲壳虫板的其余部分为鞘翅所覆盖。中、后胸基节窝的形式，也常作为分类依据。

前翅由于角质化，翅脉已不可见，静止时合拢于胸腹部背面，主要司保护虫体和后翅的作用。后翅膜质、宽大、少翅脉，平时纵横折叠于前翅之下，是飞翔的主要器官。足一般适于步行或奔走，但由于生活习性的不同，在功能和形态上也常发生相应的变化。如地下活动种类的前足适于开掘，水生种类的中、后足适于游泳，某些行动活泼的种类其后足适于跳跃等。3对足跗节的数目按前、中、后足顺序排列，称为跗节式，通常是分类的重要特征。如：5—5—5则表示前、中、后足跗节均为5节；5—5—4则表示前、中足跗节为5节，后足为4节等。跗节的着生情况通常有两类，一种是跗节5节时，第4跗节甚小并隐于第3跗节之间，称为隐5节或伪4节；另一种是跗节4节时，第3跗节甚小并隐于第2跗节中间，则称为隐4节或伪3节。

3. 腹部

腹部变化较大，一般 10 节，第 2 腹节退化，第 3～9 腹节明显。由于腹板多有愈合或退化现象，可见腹板通常为 5～8 节。雌虫腹部末端数节变细而延长，形成可伸缩的伪产卵器，平时缩于体内，产卵时伸出。雄性外生殖器也多不外露，而是缩在第 9 或第 10 腹板之间。

4. 幼虫

头部通常发达，坚硬，胸部 3 节，腹部 10 节。头部每侧有单眼 1～6 个，触角 3 节，口器咀嚼式。胸部一般有胸足 3 对，具全部分节，包括明显的跗节和 1 对爪。腹部无腹足，但有的在第 9 节背板上有 1 对骨化的尾突。气门共 9 对，第 1 对着生在前胸与中胸之间，其余 8 对着生于第 1～8 腹节上。体型一般分为蠋型、蛴螬型和象甲型等 3 种基本类型。蠋型幼虫体表坚硬，体形扁长；胸足发达，5 节，具跗节和成对的爪；触角和口器发达，腹末有能活动的尾须；行动非常活泼，营自由生活。属该类型的主要有肉食亚目、隐翅甲类的幼虫及芫菁科的第 1 龄幼虫。蛴螬型幼虫身体柔软，肥大而弯曲成 "C" 形；胸足 4 节，行动迟缓；具触角，口器发达，无尾须；生活于隐蔽和阴暗的场所。金龟甲类的幼虫属此种类型。象甲型幼虫身体柔软，粗圆，弓弯；触角退化，无尾须；胸足退化或完全消失。如象甲类的幼虫等。此外，还有属于上述三种类型之间的一些中间类型，如金针虫型、叶甲型等。

本目昆虫是昆虫纲中最大的一个目，含有 25 万多种甲虫，其食性也很复杂：有肉食性、植食性、腐食性、粪食性等等。鞘翅目共有 157 个科，分属于 3 个亚目。

1. 肉食亚目

肉食亚目的昆虫绝大多数为肉食性种类，成虫、幼虫靠捕食其他小虫为生。本亚目的特征为：第一腹节腹板被后足基节窝分割为左右两部分。三对足的跗节均为5节，本亚目常见的为两个科：

步甲科：步甲科昆虫通称步行虫，是些小至大型的昆虫，多数种类具有金属光泽。头部常窄于前胸，前口式，上颚前端相接，但不互相交叉。成虫、幼虫均为捕食性，是重要的害虫天敌，如中华广肩步行虫、大艳步甲等等。

虎甲科：虎甲科昆虫，为中等大的甲虫，一般有鲜艳的颜色和斑斓的色斑。头较大，前口式，上颚大，左右交叉。虎甲白天活动，经常在路上觅食小虫，当人接近时，常向前作短距离飞翔，如中华艳虎甲。

2. 杂食亚目

杂食亚目的甲虫食性多种多样。它们的主要特征是：头部正常，第一腹节腹板不被后足基节窝分割，3对足的跗节数不一。常见的科有：

金龟科：金龟甲昆虫，身体小至大型。触角鳃片状，前足为开掘足，胫节外侧有齿。金龟子的幼虫叫"蛴螬"，在地下生活。金龟子按食性可分为两大类群：粪食性金龟子（俗称"屎壳螂"）和植食性金龟。很多植食性金龟是农林上的大害虫，如华北大黑鳃金龟、铜绿金龟子等。

叩头甲科：叩头甲科昆虫，是小至大型的昆虫，前胸很发达，前胸腹板后缘中央有一强大的突起向后延伸于中胸腹板的深凹窝之中，能够弹跳。握住腹部，它可以做叩头的动作，另一个重要的特征是前胸背板后侧角明显后突。幼虫身体光滑、坚硬，大多呈黄色，在地下取食植物根茎，通称金针虫，是作物的重要地下害虫之一，如沟金针虫。

吉丁甲科：吉丁甲科昆虫，很像叩头甲，大多数具有美丽的金属光泽，身体流线型。前胸和中胸紧密相接，不能弹跳。前胸背板后侧角不向后突。幼虫体扁，以钻蛀枝干为食，它的幼虫俗称"扁头哈虫"，如金缘吉丁虫。

瓢虫科：瓢虫科的昆虫，身体小至中型。体背隆起呈半球形或半卵形。头小，一部分隐藏在前胸背板下。触角呈锤状。它的跗节式是隐4节，也就是第3节很小，隐藏在第2节中间，外观好似只有3节。瓢虫的成虫和幼虫大多数捕食蚜虫、介壳虫等害虫，是一类重要的天敌昆虫，但也有像二十八星瓢虫这样植食性的种类。

天牛科：天牛科昆虫，是中至大型的甲虫，身体狭长。触角长，通常超出身体，11～12节，鞭状。复眼呈肾状，围绕触角基部。跗节为隐5节，也就是第4节藏在第3节里面，外面看好像只有4节。天牛幼虫又叫"哈虫"，身体呈乳白或者黄色。胸足消失，胸腹节两面都有称作步泡突的骨化区，司运动功能。多数天牛幼虫营靠蛀木材生活，是林业上的大害虫。

叶甲科：叶甲科昆虫，也叫金花虫，是些小型或中型的甲虫。它们的身体有的是卵圆形，有的是长形。触角丝状，11节，长不超出身体的一半。跗节与天牛一样，也是隐5节。叶甲的成虫和幼虫都是植食性，像榆兰金花虫，就是林业上的一种大害虫。

拟步甲科：拟步甲科昆虫，小至大型，扁平，颜色多为黑色或暗棕色。后翅多退化，不能飞翔。跗节式为5—5—4。如网目拟地甲。

豆象科：豆象科昆虫，体小型，卵圆形，额突出成短喙形，触角常呈锯齿状。鞘翅短，不能盖住整个腹部。本科昆虫主要为害豆科植物的种子，如绿豆象。

3. 象甲亚目

象甲科：本科是些小至大型的甲虫，它们的头部延长成喙状，因而习惯上叫它们象鼻虫。口器位于喙的前端，触角大多呈膝状弯曲。象甲幼虫体胖，白色。头部发达，但无足，在植物体内寄生生活，如蒙古灰象甲、椿树沟眶象甲等。

鳞翅目昆虫是因身体和翅膀上的鳞片而得名吗

鳞翅目是昆虫纲中第二大的目，由于身体和翅膀上披有大量鳞片而得名。本目包括蛾、蝶两类昆虫。属有翅亚纲、全变态类。全世界已知约20万种，中国已知约八千余种。该目为昆虫纲中仅次于鞘翅目的第二个大目。分布范围极广，以热带种类最为丰富。绝大多数种类的幼虫为害各类栽培植物，体形较大者常食尽叶片或钻蛀枝干。体形较小者往往卷叶、缀叶、结鞘、吐丝结网或钻入植物组织取食为害。成虫多以花蜜等作为补充营养，或口器退化不再取食，一般不造成直接危害。

鳞翅目昆虫体小至大型。成虫翅、体及附肢上布满鳞片，口器虹吸式或退化。幼虫蠋形，口器咀嚼式，身体各节密布分散的刚毛或毛瘤、毛簇、枝刺等，有腹足 2～5 对，以 5 对者居多，具趾钩，多能吐丝结茧或结网。蛹为被蛹。卵多为圆形、半球形或扁圆形等。

1. 头部

略呈球形或半球形。触角多节，呈丝状、棒状、栉齿状（羽状）等，雄性触角常较雌性为发达。口器除小翅蛾等少数低等蛾类保留有上颚和下颚外，绝大多数种类为典型的虹吸式口器。即上颚完全退化，上唇短小，下颚须发达或退化，下唇仅保留 3 节的下唇须，其主要取食器官为由两下颚外颚叶延长而并合形成的虹吸管（喙管），取食时伸入花中，吮吸花蜜。复眼发达，单眼通常 2 个，位于复眼后方，但也有一些种类（蝶类、尺蛾等）无单眼。

2. 胸部

胸部发达，各胸节趋于愈合。前胸在低等蛾类中较发达，而高等蛾类一般较退化，呈颈状，两侧有小突起，称为翼片（或称领片）。中胸甚大，具盾片和小盾片，盾片前方两侧有 1 对发达的肩板（或称肩片）。后胸背板小。足细长，前足胫节内缘通常生有 1 胫突（净角器），中、后足胫接近中部和末端分别生有中距和端距。跗节 5 节，以第 1 节最长，爪 1 对。

3. 腹部

腹部呈圆筒形或纺锤形，10节，第1节退化，腹板消失或仅呈膜状。雌虫腹部可见7节，第7节明显延长，第8～10节显著变细，套缩入第七节内，产卵时可以伸出，形成伪产卵器。某些低等蛾类仅第九腹节有一生殖孔，称为单孔类；大部分种类第8腹节有一交配孔，第九腹节有一产卵孔，称为双孔类。产卵孔的两侧有1对瓣状构造，称为肛乳突，用以握持产出的卵，使卵粒粘着于物体上。

雄虫腹部可见8节，第9～10节的附肢演变成外生殖器。第9腹节的背板（背兜）和腹板（基腹弧）形成一个环，腹板的中部向体内延伸成囊形突；第10背板的后端形成1个略向下弯的钩形突，下面有1对颚形突，通常合并为一，是第10腹节的腹板，略向上弯曲，肛门末端即位于钩形突和颚形突之间。阳具发生于背兜和基腹弧之间的隔膜上，基部形成两个外翻的锥形突起，称阳端环，上有骨片，称阳端基环。阳茎的端部能翻缩，称端膜，上面常有刺。第9腹节的生殖肢演变成一对大形瓣状物，称为抱握器，上生各种刺、毛和骨片等。雄性外生殖器在中间分化很大，常作为种类鉴别的重要依据。

4. 幼虫

（1）头部。大多数种类头部为下口式，少数种类（如潜叶蛾等）为前口式，通常具硬化而色深的头壳。头部前面有倒Y形的蜕裂线，是幼虫蜕皮时首先裂开的地方。蜕裂线内侧两块狭形的骨片是额（有人则称傍额片），额下是三角形的唇基（有人称为额）。

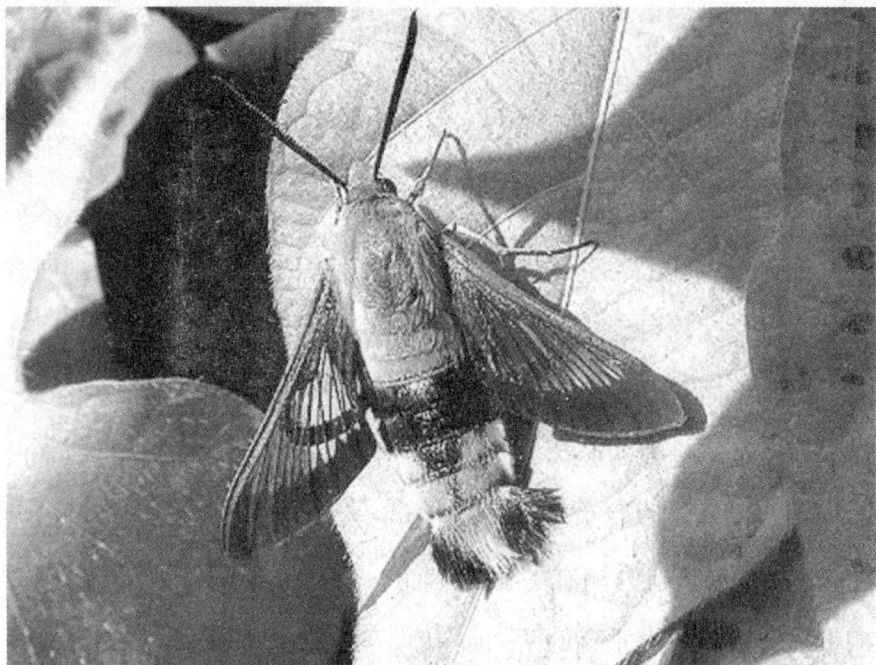

蜕裂线两侧为颅侧区，其近下方各具呈弧形排列的 6 个侧单眼，有些种类单眼数目减少或完全消失。口器变异咀嚼式，上唇前缘有 1 较深的缺刻，其形状和缺刻的深浅各异，是分科的特征之一。上颚发达具齿，下颚、下唇和舌合成一复合体，舌位居中央形成吐丝器，两侧为 2 节的下颚须。

（2）胸部。分节明显，前胸背面近前方形成骨化板，称为前胸盾。前胸两侧后下方各有 1 气门。胸足通常发达，5 节，末端具 1 弯形的爪，部分潜叶为害的种类胸足呈不同程度的退化或消失。

（3）腹部。通常 10 节，末节背面骨化形成臀板，有些种类在臀板下方生有硬化的梳状构造，称为臀栉，用以弹去排泄的粪粒。腹气门一般 8 对，位于第 1~8 腹节两侧。腹足通常 5 对，着生于第 3~6 腹节及第 10 腹节上，第 10 腹节上的又称为尾足或臀足。

腹足有时减少或退化，如尺蛾仅 2 对腹足，分别着生于第 6 和第 10 腹节上；潜蛾则退化或完全消失；某些夜蛾类的第 1 或第 1、2 对足也有所退化。腹足的构造比较简单，由亚基节、基节和能伸缩的囊状的趾组成，趾的腹面生有趾钩。趾钩的存在是鳞翅目幼虫区别于其他多足型幼虫的重要依据之一，而趾钩的数目、长短和排列方式等，则是鳞翅目幼虫分类的鉴别特征之一。趾钩的排列有单行、双行与多行之分；根据趾钩的长短不同，可分为单序、双序或三序；根据趾钩排列的形状，又可分为环状（圆形或椭圆形的整环）、缺环（不满一整圈而有小缺口）、伪环（前后都有缺口，也叫二纵带）、中带（只在内侧有一列弧形而与身体纵轴平行的趾钩）、二横带（与身体纵轴垂直的两列趾钩）等之分。

（4）斑纹、线条和毛序。鳞翅目幼虫的胴部（胸部 10 腹部）常具有明显的花纹或纵条纹，多根据其所在位置命名，某些线纹，可作为种类鉴别的辅助特征。幼虫身体各部分常具各种外被物，如刚毛、毛瘤、毛撮、毛突和枝刺等。体表瘤状突起上着生刚毛，称为毛瘤；刚毛基部常具骨化和深色的区域，称为毛片；毛片如高突呈锥状则称毛突；毛长而密集成簇或成撮，称毛簇或毛撮；有些种类具刺，刺上分枝的称枝刺。刚毛可分为原生刚毛、亚原生刚毛和次生刚毛 3 类。原生刚毛在第一龄即出现，亚原生刚毛在第二龄出现，这两种刚毛的分布和位置比较固定，给予专门的名称，称为毛序。毛序是幼虫分类的重要特征之一。次生刚毛数目较多而没有固定的位置，长短不一，可生在毛突、毛瘤或骨化片上，一般不予以命名。

5. 蛹

蛹体多为长椭圆形，棕色或褐色。蝶类的蛹多为绿或浅色，头部和胸部常具突起。蛹体可明显地分为头、胸、腹三部分，复眼位于头部两侧，触角基部位于复眼外侧。下唇须两侧为一对下颚外颚叶（喙管），其长短因种类而异。下颚须位于复眼外侧，一般不外露。胸部自背面观分节明显，通常中胸最大。前足位于下颚两侧，中足位于前足外侧，后足通常仅露出末端。前翅芽在腹面可盖及或超过第 4 腹节，后翅芽一般被前翅芽覆盖，仅边缘外露。胸部有气门 1 对，位于前、中胸的背侧面。

腹部 10 节，通常仅第 5、6 和 7 节可以活动，第 8 ~ 10 节常愈合。第 10 腹节腹面中央的纵裂缝为肛门，周围常略突起。雄虫第 9 腹节的中央有 1 个生殖孔，为一纵裂缝，周围常略突起。双孔类雌虫有两个生殖孔，位于第 8 和第 9 腹节中央，前者为交配孔，后者为产卵孔。在很多种类中，两孔连成 1 条纵裂缝。据此可鉴别蛹的雌雄。腹部有气门 8 对，位于第 1 ~ 8 腹节上，但第 1 腹节的气门被翅芽覆盖，第 8 腹节气门退化，呈裂缝状。腹部末端向后突出，形成臀棘，上生有钩刺，用以钩住物体或茧等。

成虫取食花蜜，对植物的授粉有所帮助。但吸果夜蛾科类成虫能刺破果实，吸食果汁，导致落果，成为柑橘、桃、李、梨等果树的重要害虫。

蝶类白天活动。蛾类多在夜间活动，常有趋旋光性。成虫活动主要是飞翔、觅食、交配和寻找适宜的产卵场所。有些成虫有季节性远距离迁飞的习性，如粘虫、稻纵卷叶螟等。幼虫绝大多数植食

性，是农林作物、果树、茶叶、蔬菜、花卉等的重要害虫。幼虫的生活方式和取食方式很不相同。大型的种类多为裸栖，很多种类有隐栖的习性，如卷叶、折叶和缀叶成巢等。有的种类还会结鞘或吐丝结网等。有的钻入植物组织为害，潜食叶肉，钻蛀茎干；有的侵蛀芽、花、种子等组织，有时还能引致虫瘿。生活于土壤中的幼虫咬食植物根部，成为重要的地下害虫。为害仓储粮食、物品或皮毛的种类，是重要的仓库害虫。少数种类为捕食性，捕食蚜虫或介壳虫等，如食蚜灰蝶是甘蔗绵蚜的天敌。常见的资源昆虫有家蚕、柞蚕、蓖麻蚕等。虫草蝙蝠蛾幼虫被真菌寄生而形成的冬虫夏草，是名贵的中草药。

为什么蜻蜓目昆虫行动比较敏捷

蜻蜓目昆虫是一类原始有翅昆虫，通称为蜻蜓、豆娘等。多数种类体型较大或中等，也有一些体型较小。身体细长，体壁坚硬，成虫色彩大多艳丽。头大，能活动自如。触角甚短，呈刚毛状，3~7节。复眼甚大，极其发达，占头部的大部分。单眼3个。口器为咀嚼式，上颚发达，下颚末端具齿。

胸部发达，构造特殊，前胸小，能活动；中后胸极大，并愈合成强大的翅胸，是此类昆虫行动敏捷的原因。足接近头部，细长，不宜步行，适于攀附，飞行时折于口下，辅助捕食；跗节 3 节。两对翅膜质透明，狭长，前、后翅近等长，休息时平伸或直立，不能折叠于背上。翅脉网状，翅室极多，翅前缘近翅顶处常有翅痣，为蜻蜓目昆虫的显著特征之一。

腹部细长，圆筒形或扁形，12 节、10 节明显，第 11 及第 12 节为节痕性的环节。尾须 1 节；雄虫腹部第 2、第 3 节上腹面有发达的次生交配器。

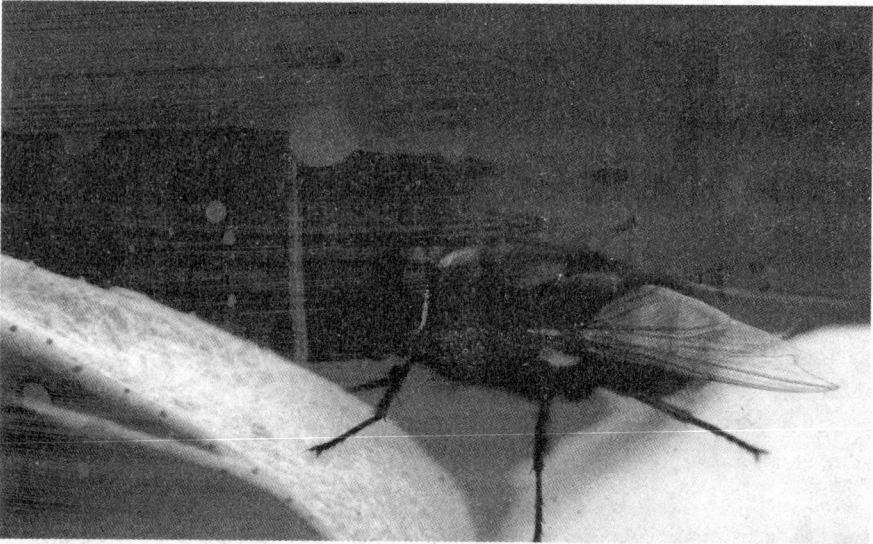

变态类型为半变态，一生经历卵、稚虫和成虫三个时期。雄、雌虫常在飞行中进行交配。雌虫可产卵数百至数千粒。雌虫卵产于水面或水生植物体内。幼虫和成虫的形态和生活习性皆不同，幼虫水生，成虫陆生，此类幼虫称"稚虫"。稚虫又称水虿，水生，常见于溪流、湖泊、塘堰和稻田等处，栖息于砂粒间或泥水中，体无杂色，也无斑纹，一般为褐色、暗褐色或稍带绿色。头部具复眼，触角似成虫，口器构造特殊，下唇亚颏及颏极长，两者联结处成一

关节，形成可屈伸的特化的面罩，不用时面罩折叠于头、胸部之下，捕猎时突然向前伸出，用1对手状的下唇须抓捕猎物。稚虫为肉食性，喜食螺类及蚊类幼虫，有时还有同类相残的现象发生。体型较大的稚虫还能取食小鱼和蝌蚪等。稚虫除生长成熟者通过气门进行呼吸外，还有适应水中生活的呼吸器官——气管鳃。气管鳃可分三类：直肠鳃、尾鳃及腹侧鳃。老熟稚虫出水面后爬到石头、植物上，常在夜间羽化。稚虫脱皮次数因种类而异，一般 10 ~ 20 次。稚虫期 1 ~ 2 年，长者 3 ~ 5 年。

成虫飞行迅速敏捷，喜欢在稚虫生活的环境附近活动。它们也是肉食性，捕食蚊类、小形蛾类、叶蝉等各类昆虫，在飞行中能利用足抓捕猎物。蜻蜓目分布于世界各地，但在热带地区种类较多，已知有3亚目、14科、约6500种，我国已知有400余种。

为何双翅目昆虫有如此丰富的多样性

双翅目包括包括蚊、蝇、蠓、蚋、虻。为昆虫纲中仅次于鳞翅目、鞘翅目、膜翅目的第4大目。世界已知85000种，全球分布。中国已知四千余种。

双翅目昆虫体小型到中型。体长极少超过25毫米。体短宽或纤细，圆筒形或近球形。头部一般与体轴垂直，活动自如，下口式。复眼大，常占头的大部；单眼 2 个（如蠓）、3 个（如蝇科）或缺（如蚋科）。触角形状不一，差异很大。口器刺吸式、舐吸式或刮舐式，下唇端部膨大成 1 对唇瓣，某些种类口器退化。幼虫的基本特征是：体分节，头有或无，口器不显著，眼常缺如，无真正分节的足。根据头部发达或退化情况，大致有全头型、半头型和无头型三种类型。

双翅目昆虫习性复杂，适应力极强，陆生或水生，一般系昼间活动，少数种类黄昏或夜间活动。成虫吸食花蜜、树液以及其他腐殖质，如食蚜蝇、蜂虻、花蝇、寄蝇等；某些类群则系捕食性，捕食昆虫或其他小动物；也有一些类群的幼虫和成虫均系捕食性，如鹬虻科、食虫虻科、长足虻科等。蚊科、蠓科、蚋科、虻科的部分种类为吸血双翅目，但多属雌性吸血，雄性大多数系非吸血性，而以植物液汁为营养，但家蝇类的吸血种类雌雄性均吸血。蛹生派种类多在温血动物的体外寄生，吸食寄主血液，如蛛蝇科、蝠蝇科之寄生于蝙蝠，虱蝇科寄生于鸟类和家畜；此外，如螫蝇亚科某些种类营自由生活而吸血。双翅目昆虫极善飞翔，是昆虫中飞行最敏捷的类群之一。也有一些种类的翅与足均特化而适于游泳。幼虫大部系陆栖，但长角亚目的大部、短角亚目的虻科和水虻科、环裂亚目的水蝇科等幼虫多系水栖，大多数生活于淡水中，也有栖息于海水或盐水中。幼虫食性广而杂，大致分成植食性、腐食性或粪食性、捕食性和寄生性。

双翅目一般为两性生殖，多数系卵生，也有伪胎生（如某些寄蝇）和胎生（如蛹蝇派）。此外，也有孤雌生殖和少数的幼体生殖

现象。双翅目发育所需生活周期的长短因各自的食性、环境以及气候等因素而异；如食性广而杂的家蝇、食蚜蝇等，生活周期短，年发生数代。食虫性的蚤蝇科、寄蝇科、麻蝇科和食蚜蝇科的一些种类生活周期最少 10 天，多到 1 年（某些寄蝇和食虫虻），网翅虻科的某些种类需 2 年才能完成一代。有瓣蝇类大多以蛹期越冬，少数以幼虫越冬，偶尔有成虫越冬的现象。

双翅目中不少种类是传播细菌、寄生虫、病毒、立克次体等病原体的媒介昆虫，例如蚊子传播疟疾、丝虫病、黄热病、登革热等；毛蠓科的白蛉属传播白蛉热、黑热病、东方瘤肿等；虻传播丝虫病、炭疽病、锥虫病以及马的传染性贫血；蠓科中库蠓属的一些种类为丝虫病的中间宿主；蚋科的一些种在非洲、美洲和大洋洲传播人畜的蟠尾丝虫病；蝇科与丽蝇科除机械地携带各种病原体外，某些种类的幼虫可引起人畜的蝇蛆症。

双翅目某些类群如种蝇、叶潜蝇、果实蝇、麦瘿蚊等的幼虫，都是农业的重要害虫。花蝇科球果花蝇属的幼虫为害松柏球果，严重影响中国北方地区的造林工作；泉蝇属为害竹笋、菠菜、甜菜等蔬菜作物；蝇科芒蝇属为害稻、粟；潜蝇科为害多种豆科植物；实蝇科的许多种类为害柑橘、梨、桃等；牛皮蝇的幼虫寄生于牛皮下，牛皮因幼虫穿孔以致利用价值降低，同时，还使牛肉的质量下降和产乳量锐减。

为什么说膜翅目是昆虫纲中最高等的类群

　　膜翅目包括蜂、蚁类昆虫。属有翅亚纲、全变态类。全世界已知约12万种，中国已知2300余种，是昆虫纲中第三个大目、最高等的类群。广泛分布于世界各地，以热带相亚热带地区种类最多。植食性或寄生性，包括各种蚁和蜂。也有肉食性的，如胡蜂等。部分种类合群生活，是昆虫中最进化的类群。根据腹部基部是否缢缩变细，分为广腰亚目和细腰亚目。广腰亚目是低等植食性类群，包括叶蜂、树蜂、茎蜂等类群；细腰亚目包括了膜翅目的大部分种类，包括蚁、黄蜂和各种寄生蜂。如蜜蜂、熊蜂、胡蜂和蚂蚁等都是熟知的种类。也有危害农作物的小麦叶蜂、梨实蜂等。

　　1. 头部

　　头部明显，正面观横形，有时几成球形，颈部细小，可自由转动。触角形状多变化，有丝状、棒状、膝状、栉状和扇状等，通常以雄性为发达，多为13节，雌性较短，多为12节，少数种类节数减少到6~8节。复眼1对，较发达，位于头部两侧。单眼3个，位于额的上方，呈三角形排列。少数种类单眼退化或缺如。口器多为咀嚼式，各组成部分的形态构造以及下颚须和下唇须的节数、形

状、长短常可作为分类特征。蜜蜂总科的口器为嚼吸式，下颚、下唇延长成喙，用以采食花蜜。

2. 胸部

胸部包括前、中、后胸及并胸腹节。前胸一般较小，横形或不明显。头与前胸之间有颈，有的前胸前缘明显锋锐，将前胸与颈分开，有的前缘消失。中胸背板分中胸盾片及小盾片。盾片有的平整无沟缝，有的则有一对完整或部分消失的盾纵沟，有的中部下陷成槽或隆起。小盾片一般圆形、三角形、卵圆形或舌形，有的很短，有的末端延长或具叉状突起。并胸腹节是由腹部第一节并入胸部形成的，其形状、大小、长短、倾斜度等变化很大。许多种类（细腰亚目）腹部第二节缢缩成细柄状，称为腹柄或"腰"。

多数种类都具有两对正常的膜质翅，且前翅明显大于后翅，仅少数种类的翅退化或变短。前翅前缘通常有翅痣，其形状多有变化。多数种类的翅脉较复杂，纵脉多愈合或变形，并与横脉围成若干翅室。对脉序和翅室的命名，各学者意见不一，较常用的为康氏系统（Comstock 和 Ross 系统）。有的种类翅脉极为退化，翅脉在膜翅目分类中，占有相当重要的位置。

胸足 3 对相似，但某些寄生性种类的转节为 2 节。有的前足腿节膨大，如肿腿蜂；有的后足腿节特别膨大，如小蜂科的某些种类；蜜蜂总科的后足则特化成携粉足。跗节 2~5 节，末端具爪一对。

3. 腹部

腹部通常 10 节，少的只可见 3~4 节。细腰亚目的第 1 腹节已并入胸部形成并胸腹节，第2节通常很小，或呈柄状。雌虫第7、8节腹板变形，形成产卵器。膜翅目昆虫的产卵器极度特化，适于锯、钻孔和穿刺等，同时有产卵、蜜刺、杀死、麻痹及保存活的动物寄主食物的功能。产卵器的形状变异很大，有的呈长针状，有的呈短锥状，有的自腹末伸出，有的自腹末前方腹面伸出，有的只作为防御器官而已失去产卵作用。

雄性外生殖器由第7、8腹节腹板及生殖节组成，生殖节主要包括生殖突基节、阳茎、阳茎腹铗及生殖刺突等，部分隐藏于体内，一般种间变异很大，是种类鉴别的重要特征。

4. 幼虫

根据食性和生活习性的不同，可将膜翅目幼虫分为两类。一类为蠋型幼虫：体型近似鳞翅目幼虫。即体表通常有毛斑，头部骨化程度强，上颚强大，具触角及下颚须，常有侧单眼，除胸足正常发达外（少数退化），还具腹足。与鳞翅目幼虫的主要区别是，腹足数目在6对以上（如叶蜂类为6~8对），无趾钩。蠋型幼虫多营自由生活，植食性。第二类为无足型幼虫：如腰亚目的幼虫。体无色斑，无足，头部骨化弱，口器及触角退化，触角柔软不分节，下颚须乳突状，上颚弱，无单眼。多营寄生或拟寄生生活，或生活于由母蜂准备好的饲料中或由工蜂喂食，少数在寄主植物上造成虫瘿。

膜翅目昆虫为全变态。一般为两性生殖，也有的为单性孤雌生殖和多胚生殖。单性生殖较为普遍，如蜜蜂已交配的蜂产的未受精卵，产生雄性个体；胡蜂及叶蜂的一些种类未交配过的雌蜂产的未

受精卵，可产生雌或雄两性个体。多胚生殖多见于茧蜂、小蜂及缘腹细蜂科中的一些种类，如多胚跳小蜂1个卵可产生2000多个后代个体。

膜翅目昆虫的绝大多数种类是对人类有益的传粉昆虫和寄生性或捕食性天敌昆虫，只有少数为植食性的农林作物害虫。植食性者如叶蜂科幼虫食叶，茎蜂科幼虫蛀茎，树蜂科幼虫钻蛀树木，瘿蜂科幼虫形成虫瘿等。寄生性者包括细腰亚目大部分种类，其中又分为内寄生和外寄生两类。捕食性者主要包括胡蜂、泥蜂、土蜂等科的成虫。以花粉和花蜜为主要食物的蜜蜂有助于作物授粉，提高作物的结实率，并为人类提供蜂产品。

胡蜂、蚁、蜜蜂等高等膜翅目昆虫具有不同程度的社会生活习性，有的已形成习性、生理及形态上的分级现象。如后蜂（蚁）专司产卵繁殖，雄蜂（蚁）通常于交配后不久死亡，工蜂（蚁）专司采集食物、营巢、抚幼等职，蚁科中有专司保卫的兵蚁。社会性种类在成虫和幼虫间还存在"交哺"现象，如胡蜂成蜂饲喂幼虫时，幼虫分泌一种乳白色液体，供成蜂取食。蜜蜂巢群中的不同级型，分工明确，不同级的幼虫巢室大小不同，饲育方式也不同，如后蜂幼虫期一直被喂以王浆，直至化蛹。蜜蜂等为了群体的觅食、繁殖及维持其稳定性，群体内各成员间通过各种发达的感官接受和传递信息，如通过不同的"舞姿"传递蜜源植物的方位与巢的距离等。同巢蜂群的特定气味是维持本群、防止异群进入的

指示气味，守卫蜂即通过嗅觉在巢门口守卫本群。蜂群的稳定性是通过后蜂上领腺分泌的外激素"后蜂物质"来维持的，该物质可抑制工蜂生殖腺的发育和新后蜂的产生，从而避免发生分蜂现象。蚁是通过腹部腹面在爬行过程中留下的踪迹外激素，指示同巢成员找到食物及归巢路线的。

为什么说大部分半翅目昆虫对植物有害

半翅目，也叫异翅目。此类昆虫俗称蝽或椿象，由于很多种能分泌挥发性臭液，因而又叫放屁虫、臭虫、臭板虫。半翅目属昆虫纲、有翅亚纲、渐变态类。世界性分布，全世界已知约 35000 种，在中国有 2000 种左右。分布遍及全球各大动物地理区，以热带、亚热带种类最为丰富。少数为肉食性。大多数为植食性，为害农作物、果树、林木或杂草，刺吸其茎叶或果实的汁液，对农业能造成一定程度的危害。

它是昆虫纲的一个较大的目。通称为"蝽"。刺吸式口器，前翅前半多骨化成半鞘翅。身体由小型至大型不等，体形、体色均多样。身体含有臭腺（成虫的臭腺开口于后胸侧板内侧，若虫的臭腺开口于腹部背面）。臭腺分泌物常有特殊气味，并具一定的刺激性，

有驱避敌害的作用。不完全变态。卵产于物体表面或插入植物组织中。若虫与成虫的体形、生活习性基本相同，但是翅膀与生殖器官尚未发育成熟，不会飞。所以若虫期是消灭它们的最好时机。

大部分种类为植食性，吸食植物的各个部分。可对多种作物造成各种危害。其中一些种类为传播植物病毒病的媒介。部分类群取食动物性食物（以小型软体的昆虫及其他无脊椎动物为主，亦有吸食高等动物血液者）。这些类群中，不少为害虫的天敌，少数种类因携带人畜病原，在医学上有重要意义。

常见的大科有：蝽科、缘蝽科、长蝽科、网蝽科、猎蝽科、盲蝽科等。

身体多为中型中小型，在热带地区的个别种类为大型。多为六角形或椭圆形，背面平坦，上下扁平。体壁较坚硬。口器刺吸式。翅两对，前翅为半鞘翅，后翅膜质。多数种类具有发达的臭腺，其分泌物（含苯类等成分）在空气中挥发，产生异常气味，可用以防卫。头部多呈三角形或五角形，其前端中央称中片，其两侧部分称侧片。后口式，口器刺吸式，喙管通常 3 ~ 4 节，但与同翅目所不同的是喙基部白头的前方伸出。触角 4 ~ 5 节，多为丝状。复眼发达，突出于头部两侧；单眼 2 个，位于复眼稍后方。少数种类无单眼。前胸背板发达，通常呈六角形；有的呈长颈状，两侧突出成角状。中胸小盾片发达，通常呈三角形，或有半圆形与舌形者，有的种类特别发达，可将整个腹部盖住。通常有翅两对，前翅基部加厚成革质，端部为膜质，故称为半鞘翅。革质部又常分为革片、爪片、缘片和楔片；膜质部分称为膜片，膜片的翅脉数目和排列方式因种类不同而异。后翅膜质，翅脉变化很大。胸足类型因栖境和食性不同而常有变化，除基本类型为步行足外，还有捕捉足、游泳足和开掘足等。跗节 3 节，偶有 2 节或 1 节者，具 2 爪。多数种类有臭腺，开口于后胸侧板近后足基节处。中、后胸各具气门 1 对。腹部通常 10 节。背板与腹板会合处形成突出的腹缘，称侧接缘，无尾须。第 1 ~ 8 节的腹侧面各具气门 1 对，水生种类或具呼吸管。雌性生殖孔开口于第 8 腹节，产卵器由两对产卵瓣组成，缺第 3 产卵瓣。

蝽类多数为植食性，以刺吸式口器刺吸多种植物幼枝、嫩茎、嫩叶及果实汁液，有些种类还可传播植物病害。吸血蝽类为害人体及家禽家畜，并传染疾病。水生种类捕食蝌蚪、其他昆虫、鱼卵及

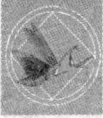

鱼苗。猎蝽、姬蝽、花蝽等捕食各种害虫及螨类，是多种害虫的重要天敌。半翅目昆虫体小至大型，体扁平。口器刺吸式，与同翅目相同，但着生在头的前部。胸部具两对翅，后翅膜质，前翅基半部坚硬，端半部膜质，称半鞘翅，这是本目的主要区别特征。半鞘翅部分又可再分成革区、爪区，在盲蝽科和花蝽科还有楔区。身体腹面常具臭腺开口，能分泌特殊气味的挥发性油。成虫臭腺开口位于中胸，但许多科没有。有的科的若虫在腹部第4、5节腹面又具另两个臭腺开口。变态为渐变态。本目绝大多数为植食性昆虫，但猎蝽、姬猎蝽、花蝽等科为肉食性，是重要的害虫天敌。

半翅目昆虫为渐变态。卵单粒或成块，产于寄主体表、组织内或土中，负子蝽将卵产在雄虫体背。卵分为两种基本类型。一类为鼓形、短圆柱形和短卵形，多产于寄主植物表面，多粒整齐排列（如蝽科）；另一类为长卵形或长肾形，单粒或多粒成行产在植物组织内（如盲蝽科）。蝽、缘蝽、猎蝽、瘤蝽及臭虫等科的卵常具卵盖，为若虫孵化时冲破卵壳的有效构造。若虫一般5龄，体色变化较大，具臭腺者其开口位于第4～6腹节背面各有1对。成虫臭腺开口移位于胸部腹面，仅1对。臭腺所分泌的挥发性液体可用于自卫，有的还可造成植物的心叶、芽、花、幼果等焦枯。多数种类1年发生1代，以成虫越冬。少数种类1年发生多代，以卵越冬。

大部分种类成虫前翅的基半部革质，端半部膜质，为半鞘翅。多数有臭腺，能发出使人恶心的气味。若虫的体形及习性与成虫相似，吸食植物汁液或捕食小动物。一些种类捕食农林害虫，为益虫；少数吸食血液，传播疾病。

为什么说直翅目是"门派"最多的昆虫

　　直翅目是动物界、节肢动物门、有颚亚门、六足总纲、昆虫纲、有翅亚纲的一目。本目动物多为中、大型体较壮实的昆虫，前翅为覆翅，后翅扇状折叠。后足多发达善跳。包括蝗虫、螽斯、蟋蟀、蝼蛄等。广泛分布于世界各地，热带地区种类多。全世界已知一万八千余种，分隶 64 科 3500 属。中国已知八百余种，分隶 28 科。

　　直翅目体中至大型，体长 4～115 毫米，仅少数种类小型。口器为典型咀嚼式口器，多数种类为下口式，少数穴居种类为前口式。上颚发达，强大而坚硬。触角长而多节，多数种类触角丝状，有的长于身体，有的较短；少数种类触角为剑状或锤状。复眼发达，大而突出，单眼一般 2～3 个，少数种类缺单眼。前翅狭长、革质，停息时覆盖在体背，称为覆翅；后翅膜质，臀区宽大，停息时呈折扇状纵褶于前翅下，翅脉多平直。有些种类的翅退化成鳞片状。有的前翅较宽，雄性在肘—臀脉区特化成发音构造，两前翅相互摩擦发音（如螽斯、蟋蟀、蝼蛄等）。前胸特别发达，可活动，前胸背板发达，常向背面隆起呈马鞍形，中、后胸愈合。前足和中

足适于爬行，部分种类前足胫节膨大，特化成开掘足（如蝼蛄），适于掘土，多数种类后足形成跳跃足（如蝗虫、蟋蟀、螽斯）。跗节3~4节，少数种类1节。腹部一般11节，少数仅见8~9节，第11腹节较退化，分成背面的肛上板和两侧的肛侧板。雄性外生殖器通常被扩大的第9节腹板所盖。具尾须1对，短而不分节或长丝状。雌虫产卵器一般都很发达，仅蝼蛄等无特化的产卵器。多数种类雄虫常具发音器，以左、右翅相互摩擦发音（如螽斯、蟋蟀、蝼蛄等），或以后足腿节内侧的音齿与前翅相互摩擦发音（如蝗虫）。发音主要为了招引雌虫。雌虫不发音。能发音的种类常具听器（雌、雄两性通常均具听器，仅少数种类不明显或缺），螽斯、蟋蟀、蝼蛄等的听器位于前足胫节基部，或显露，或呈狭缝形；蝗虫类的听器位于腹部第一节的两侧，近似月牙形。

直翅目为渐变态，卵生，卵的形状与产卵方式因种类而异。雌虫产卵于土内或土表，有的产在植物组织内。螽斯、蟋蟀等的卵为散产，蝗虫则多产于卵囊内。卵囊是雌虫附腺的分泌物硬化而成，常杂有土粒等。卵囊掩埋土内，分成两层，上层为胶质部，充满胶质，下层为卵体部，卵粒即在其间。卵囊的大小、形状、构造以及卵数和排列等都因不同种类而异。生活史因种类和地区而异。1 年 1 代的种类居多，也有些种类 1 年 2 ~ 3 代，以卵越冬，次年 4 ~ 5 月孵化。若虫的形态和生活方式与成虫相似，若虫一般 4 ~ 6 龄，在发育过程中触角有增节现象，触角的增节多少和翅芽的发育程度是鉴别若虫龄期的依据。第 2 龄后出现翅芽，后翅反在前翅之上，这可与短翅型成虫相区别。直翅目昆虫常具明显的性二型现象，这表现在虫体大小和有无发音器等特征上。本目昆虫多数为植食性，少数为肉食性，如螽斯科的一些种。陆栖性，一般生活在地面上。多数白天活动，尤其是蝗科，日出以后即活动于杂草之间。生活于地下的种类（如蝼蛄）在夜间到地面上活动。

本目分 3 个亚目，12 个总科和 26 个科。

蝗亚目：触角短于体长的 1/2；产卵器短，凿状；听器在第 1 腹节的两侧。东亚飞蝗是蝗类中重要的危害种类，在我国分布极广，可成灾。成虫前胸背中隆线发达，两侧常有暗色纵带纹。稻蝗，复眼后方有一条褐色纵带，严重危害水稻。中华蚱蜢，头顶与额呈锐角，故头部呈长锥形，触角剑状。

螽斯亚目：触角长于体；产卵器发达，刀或剑状；听器在前足胫节内侧。纺织娘，体绿色或褐色，前翅有纵列黑色纹，鸣声如

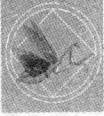

"轧织，轧织"，故名。蝈蝈，体粗壮，前胸发达，鸣声为"聒聒聒"。油葫芦，黄褐色，有油样光泽，复眼内上方有黄色条纹，危害农作物，多时可成灾。蟋蟀也属本亚目。

蝼蛄亚目：地下害虫，前足为开掘足；产卵器不外露；覆翅短。华北蝼蛄，后足胫节背侧内缘有可动棘1个；非洲蝼蛄，可动棘3～4个。

关于直翅目昆虫的起源和系统，由于化石材料的积累，现在已经得出比较清楚的结论。A. Г. 沙罗夫（1968）认为直翅目起源于石炭纪的原直翅类，到中生代演化成两个主要的分支，一是现存的长角类群（如蟋蟀类、螽斯类），一是现存的短角类群（如蝗类），进而他将直翅目分2个亚目10个总科：长角亚目，包括蟋螽总科、螽斯总科、驼螽总科、蟋蟀总科和蝼蛄总科；短角亚目，包括牛蝗总科、蜢总科、蝗总科、蚱总科和蚤蝼总科。

直翅目昆虫多数是植食性的多食性种类，其中有很多是农业上的重要害虫，如东亚飞蝗严重为害农作物，西伯利亚蝗严重危害草原上的牧草，黄脊竹蝗和青春竹蝗严重为害竹林，棉蝗和黄星蝗为害木麻黄、柚木和杉木，蔗蝗为害甘蔗和水稻，稻蝗是水稻的重要害虫之一。还有，体形较小而分布较广的负蝗为害烟草、蔬菜、花生和甘蔗。螽斯总科的棉斑草螽为害棉和甘薯，日本宽翅螽斯和绿螽斯为害柑橘、茶、桑树、杨树和核桃。蟋蟀总科的花生大蟋为害花生、大豆、绿豆、芝麻、甘蔗、瓜类、蔬菜和棉苗，油葫芦为害作物的叶、茎、枝、种子或果实，有时也为害花生的嫩根或茶树的幼枝。在蝼蛄总科中，常见的有非洲蝼蛄和华北蝼蛄，两者都为害小麦、玉米、棉花、烟草、蔬菜和树苗，它们咬食播下的种子，尤其是初发芽的种子；也咬食作物的根部，使幼苗枯死或生长不良。夜间在地面活动时，咬食靠近地面的嫩茎，常将幼苗咬断。蝼蛄多时可成灾。

其他昆虫还包含哪些

其他昆虫：六足总纲包括原尾纲、弹尾纲、双尾纲和昆虫纲。昆虫纲除了本章介绍的 7 个目以外还有其他 24 个目，共计 31 个目。

昆虫纲种类繁多，形态各异，但是拥有外骨骼、三对足是它们的共同特征。其中许多种类是我们熟识的："朝生暮死"的蜉蝣目——蜉蝣；歌声嘹亮的同翅目——蝉；捕食凶猛的螳螂目——螳螂；无所不在的蜚蠊目——蟑螂；令人讨厌的虱目——体虱，蚤目——人蚤，等等。不管你喜欢与否，它们都在我们的生活中占有一席之地。